60分でわかる!

THE BEGINNER'S GUIDE TO BLOCKCHAIN

ブロックチェーン最前線

株式会社 ガイアックス
一般社団法人 日本ブロックチェーン協会 監修

技術評論社

Contents

Chapter 1
今さら聞けない！　ブロックチェーンの基本

Chapter 2
これだけ覚えればOK！　ブロックチェーンのしくみ

Chapter 3
今すぐ挑戦!　ブロックチェーンを導入しよう

Chapter 4
こんな分野にも!? 実用化の進むブロックチェーン

Chapter 5
社会や国家まで!? ブロックチェーンが変える未来

Chapter 1

今さら聞けない!
ブロックチェーンの基本

001

ブロックチェーンとは?

コンピューター上に分散型台帳を作る技術

ニュースでは、盛んにビットコインなど仮想通貨の話題が取り上げられ、ブロックチェーンという言葉を耳にする機会も増えてきました。ブロックチェーンは主に「ビットコインの基幹技術」として知られ、その特徴から「既存のものごとを覆す“破壊的イノベーション”」や、「インターネットに次ぐ革新技術」などとも評されています。いったい、ブロックチェーンとはどんなすごい技術なのか？まずは、その概要をわかりやすく解説していきましょう。

答えから先にいえば、**ブロックチェーン**は、コンピューター上に「**分散型台帳**」を作る技術です。ここでいう「台帳」とは、皆さんが普段会社で使っている「会計帳簿」や小売業では「売上管理表」、さらに「住民基本台帳」ともなんら変わりはありません。つまり、「大切な○○の情報を記しておくノート」のことを指します。

次に、「分散型とは？」についてですが、ここにブロックチェーンの大きな特徴があります。通常、帳簿や管理表はそれぞれの責任者が管理します。しかし、ブロックチェーンは、**特定の管理者がいなくても使うことができる**台帳なのです。では、「誰が管理するのか？」といえば、ネットワークでつながっている全員です。たとえば、AからBへ送金という取引があったとします。そのとき、その取引に関わる全員が同時に取引情報を共有し、管理できるのです。

今、このブロックチェーン技術の可能性は、さまざまな産業に波及しています。2016年に経済産業省は、ブロックチェーンの影響を受ける市場規模見積りは、およそ67兆円にも上ると発表しています。

特定の管理者がいなくても使うことができる台帳技術

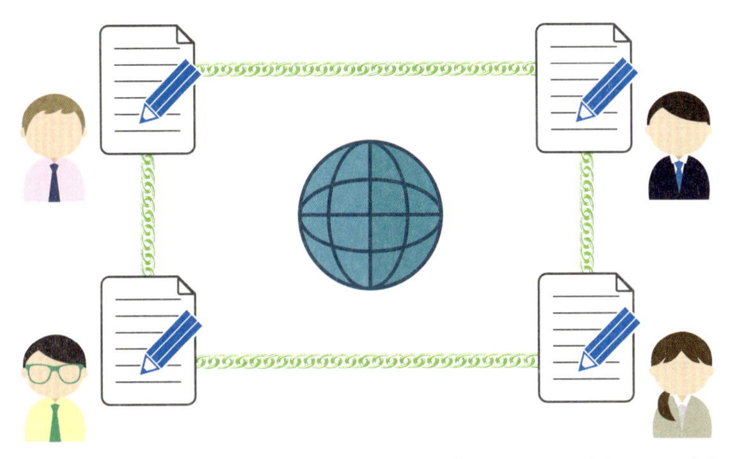

▲ブロックチェーンは、基本的には特定の管理者はおらず、ネットワークに参加している全員で情報を管理する技術のことをいう。なお本書で「ブロックチェーン」と表記しているものは、特別な断りがないものは「パブリックチェーン」（Sec.12参照）を指す。

ブロックチェーンの影響を受ける市場規模

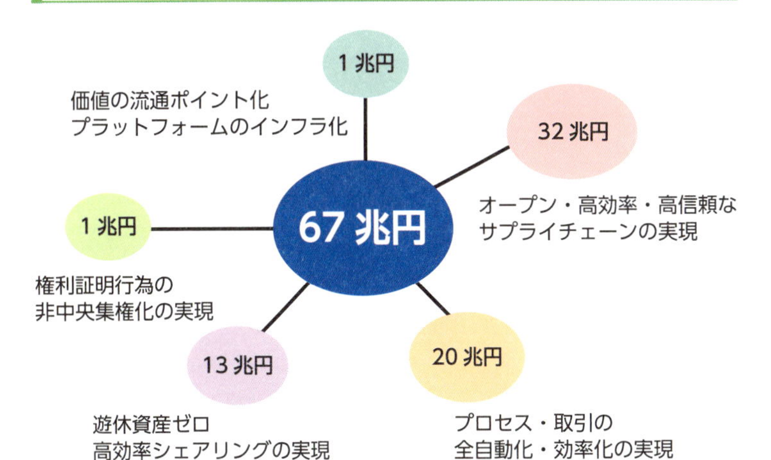

▲日本はブロックチェーンの可能性にいち早く注目した。
「経済産業省｜ブロックチェーン技術を利用したサービスに関する国内外動向調査（概要）」
（http://www.meti.go.jp/press/2016/04/20160428003/20160428003-1.pdf）

002

ブロックチェーンはなぜ「革命」なの？

国家の形をも変える可能性を秘めるその理由

ブロックチェーンをたとえるのに、「イノベーション」や「レボリューション」という言葉がしばしば使われます。つまり、あらゆる事柄に「革命」をもたらし得る技術だということで、ブロックチェーンが管理システムとして活用されると、国家の形をも変えるとまでいわれています。では、いったい何が革命的なのでしょうか。

ブロックチェーンの特徴である「分散型」は、**今までの社会構造とはまったく異なる環境を形成**します。これまでの国家や会社は、自らの信用や価値を確立するために、関係者が密に連携できる建物が必要でした。そして、重要事項の取り扱いには、一握りの機関や人物も必須でした。わかりやすいのが会社で、企画の立ち上げや予算組みの決定は、社内の上役が承認を行います。つまり、現代社会において、「信用・信頼・価値」の確立と維持には、「物理的な組織作り」と「中央集権的ヒエラルキー構造」が欠かせません。しかし、ブロックチェーンは、これらを根底から覆します。ブロックチェーンの中では、**誰もが「管理者」であり「決定者」**です。しかし、そうであっても、信用・信頼・価値は失われることがないのです。

主に金融の文脈で語られるブロックチェーンですが、この技術が世の中に広がれば、**物理的な国家や会社の代替になる**と考えられています。コンピューター上でグローバルに関係者を集めることができ、安定した「分散型組織」を形成することができる。それは、国境や場所に制約されない国家や社会、また産業の誕生の示唆であり、そこに、ブロックチェーンの計り知れない可能性があります。

従来の社会構造とは異なるしくみ

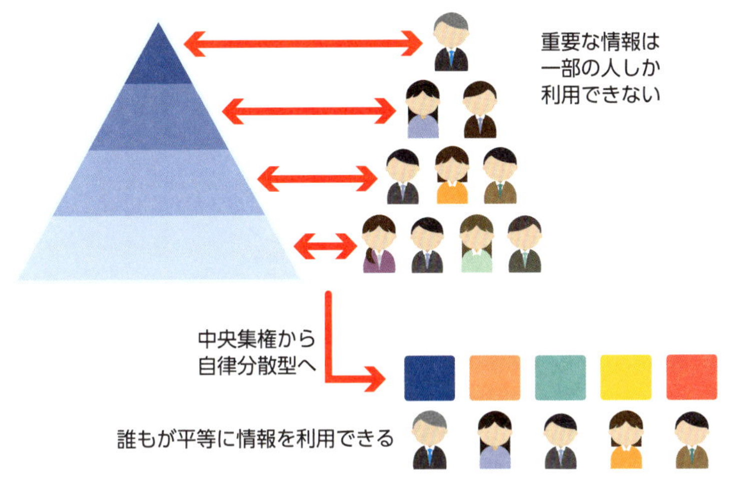

▲ブロックチェーンは社会構造を変革する可能性を持つ。

従来の国や会社の代替となるかも?!

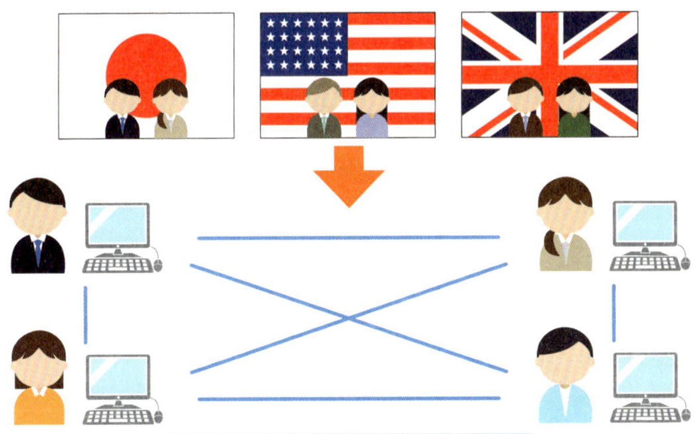

▲今までにない社会構造がブロックチェーンによって形作られる可能性を秘めている。

003

ビットコインとブロックチェーンの関係は?

ブロックチェーン誕生の背景に欠かせないビットコイン

ブロックチェーンの概念は、ビットコインの発案者「サトシ・ナカモト」によって考えられました。そして、今日では、さまざまな仮想通貨の基盤技術になっています。なぜ、仮想通貨には、ブロックチェーンが欠かせなかったのでしょうか。

サトシ・ナカモトがビットコインで目指したのは「**第三者機関不在のオンライン取引**」でした。銀行や金融機関を介さず、送り手と受け手のみで完結するしくみを思考したのです。そのために必要なのが、「**直接取引の信憑性を担保できるしくみ**」でした。信憑性は従来、金融機関の管理で担保されます。しかし、そのために安くない手数料を払い、さらに「金融機関を絶対的な存在」にしています。これは取引の当事者からすれば、効率がよいとはいえません。サトシ・ナカモトはそこを改善したかったのだと考えられています。

ブロックチェーンによる取引は、すべて公開され、同時にネットワーク上の不特定多数のコンピューターの管理下に置かれています。つまり、**常に衆目監視がある状態**です。これにより、第三者機関が不在であっても、改ざんなどのトラブルが発生する可能性を極力下げることができます。だからこそ、ビットコインはじめ仮想通貨は、その信憑性が担保されるのです。

つまり、ブロックチェーンなくしては仮想通貨が成り立たず、また、仮想通貨という新しい金融システムが誕生し世の中に広まったのも、ブロックチェーンというしくみがあったからだといえます。

サトシ・ナカモトが理想の金融システムを考案

▲サトシ・ナカモトの正体は、未だ謎に包まれている。

金融機関による信憑性担保がいらない高効率な取引を目指す

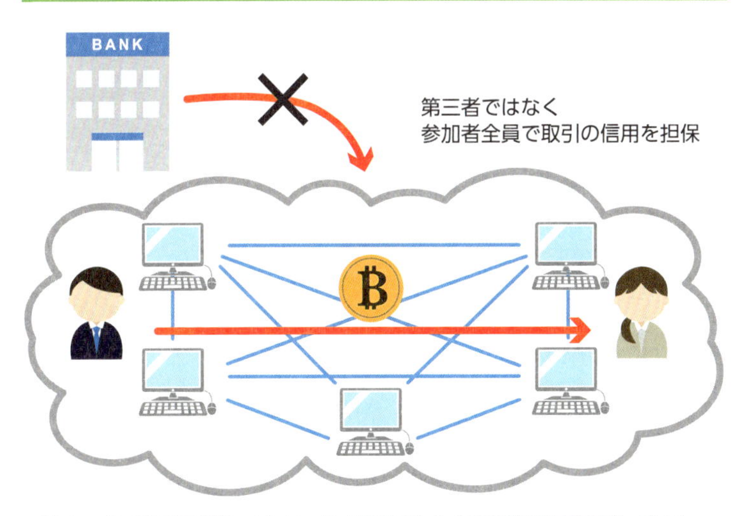

▲ビットコインの取引履歴は、ビットコインを利用するすべての参加者で管理されている。

004 ブロックチェーンとクラウドは何が違うの?

データを分散保存するオブジェクトストレージと同じ?

データの保存処理を担う媒体という面では、ブロックチェーンとデータベースは同じで、ブロックチェーンは便宜上「分散型データベース」と呼ばれることもあります。

“分散型データベース”と聞くと、データベースに詳しい方は､「クラウドストレージの一形態､オブジェクトストレージと同じでは？」と、考える人もいることでしょう。「**オブジェクトストレージ**」は、ネットワーク上のコンピューターにデータを分散保存するブロックチェーンととても似ていて、「いくつかのサイトにデータを分散させて保存する」クラウドストレージです。データをオブジェクトという単位で扱い、データのサイズ・数を問わず保存が可能で、さらにデータ複製と分散保存のしくみによって、保存先にトラブルが起きても、正常にデータを呼び出すことができます。

では、違いは何かといえば「**特定の企業がサービスを提供しているかどうか**」です。オブジェクトストレージはクラウドサービスであり、利用には必ずベンダーとの契約が求められますが、ブロックチェーンは特定のベンダーが存在せず、利用に契約も必要ありません。そして、ストレージやセキュリティ環境についても、誰かが用意するものではなく、ネットワークを形成しているコンピューターの１つ１つ､つまり参加者が担当します。これにより､ブロックチェーンは自身の最大の特徴である「自律分散型ネットワーク」を構築しているのです。はじめから用意されたネットワークか否か、それがクラウドとブロックチェーンの最大の違いだといえるでしょう。

ブロックチェーンはオブジェクトストレージ?

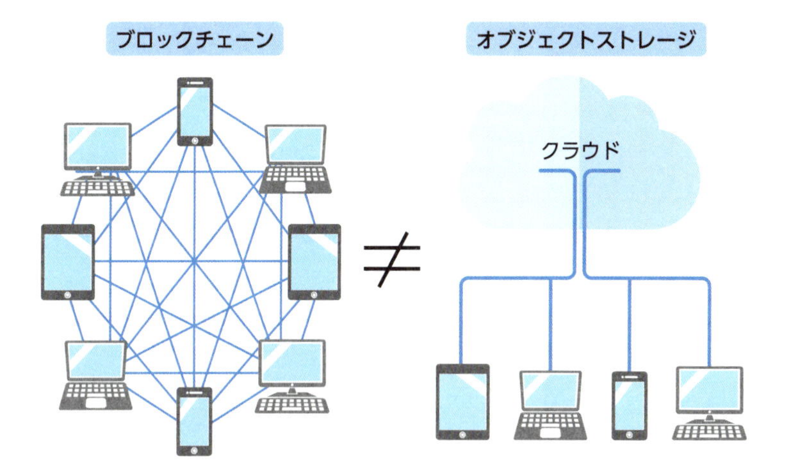

▲ブロックチェーンとオブジェクトストレージには類似点があるが、「提供・利用」「分散・拡張性」「セキュリティ」の面で異なる。

オブジェクトストレージの特徴と性質は異なる

	ブロックチェーン	オブジェクトストレージ
提供・利用	誰でも提供者になれ、誰でも利用者になれる	特定の提供・利用者はいる
分散・拡張性	参加者が増えるにつれ、分散・拡散性も増大	複数のサイトに依存している
セキュリティ	ネットワーク上の1つ1つのパソコンがセキュリティを担う	ストレージ提供企業がセキュリティを提供

▲類似点はあるが、性質が同じ技術ではない。

1 今さら聞けない！ ブロックチェーンの基本

005

ブロックチェーンは何を保存しているの？

すべての取引記録を上書き更新せずに保存している

ブロックチェーンが保存しているデータを「**トランザクション**」と呼びます。トランザクションとは取引記録のことで、ビットコインでいえば、「AさんがBさんへ0.5BTCを送金した」というデータです（BTCとはビットコインの通貨単位）。ブロックチェーンは、このトランザクションのいくつかの集まりをブロックとしてまとめ、保存するのですが、「記録されたトランザクションの上書き更新」は行われません。どういうことか、先ほどのAさんの例で考えてみましょう。

ここでは、わかりやすいように手数料を除外しますが、そもそもAさんの所持金はCさんから受け取った1.5BTCでした。そこからBさんに0.5BTCを送金したわけですから、残高は1BTCになります。しかし、ブロックチェーンに更新を行う機能はありませんので、保存されるのは「CさんがAさんへ1.5BTCを送金」、「AさんがBさんへ0.5BTCを送金」というトランザクションのみです。オンラインバンクの残高画面のように、「取引履歴と残高データを自動更新・保存」しているイメージを持つ方もいると思いますが、実はそうではなく、このようにとてもシンプルなのです。

では、どうやって残高を管理しているかですが、これは「**送金時に、残高分のデータを自分宛てに送る**」ことでまかなわれます。1.5BTCを持っていて、0.5BTCを送金するのであれば、同時に残りの1BTCのデータを自分に送ることで、残高が証明されるのです。

ブロックチェーンの中で行われていること

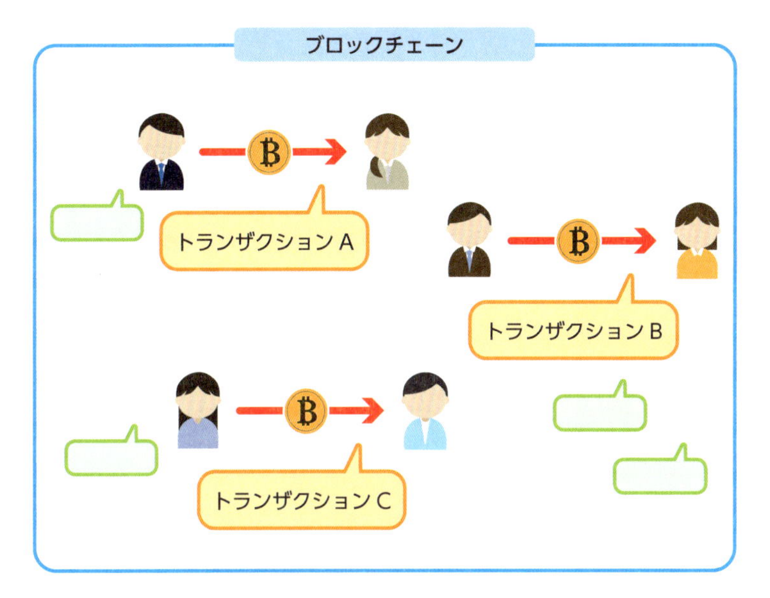

▲ブロックチェーンは過去の取引データをすべて保存する。

更新や上書きをすることなく取引を記録

▲自分の残高も「送金」という形式で保存する。

006

仮想通貨の「お金」はどこに保存されているの？

仮想通貨が発行されるしくみと保存場所

ビットコインをはじめ、あらゆる仮想通貨には実体がありません。すべての取引がオンライン上で行われているところが、そのイメージを難解なものにさせています。さらに、ブロックチェーンによる「第三者機関による管理が不要」な特徴を加えると、一層わかりづらいものとなります。既存のお金であれば、中央銀行のように貨幣を発行する機関が存在しますが、仮想通貨にはそれすらもありません。では、いったいどのように「通貨は発行される」のでしょうか？

ビットコインを例にすると、発行量ははじめからプログラムによって決定されています。「約2,100万BTC」であり、これ以上ビットコインが発行されないようになっています。では、ネットワーク上で"誰がどのように"流通させているのでしょうか。これは、ビットコイン・ネットワークを形成している「不特定多数のコンピューター」によって行われています。具体的には、個人や企業などさまざまな人々ですが、彼らは、取引時の「トランザクションデータの整合性の検証・記録」を行い、その「報酬」としてビットコインを得ています。この報酬が、すなわち「流通」なのです。つまり、**「ブロックチェーン上にトランザクションが正しく記憶」されたとき、ビットコインは新規発行され、新たに流通**します。

このとき、ネットワーク上に流通しているビットコインを保存するのに必要なのが「ウォレット」です。たとえるなら大きなサイフ、または銀行口座でしょう。ビットコイン・ユーザーは、この**ウォレットを利用することで、送金や決済を行う**ことができます。

ビットコイン発行のしくみ

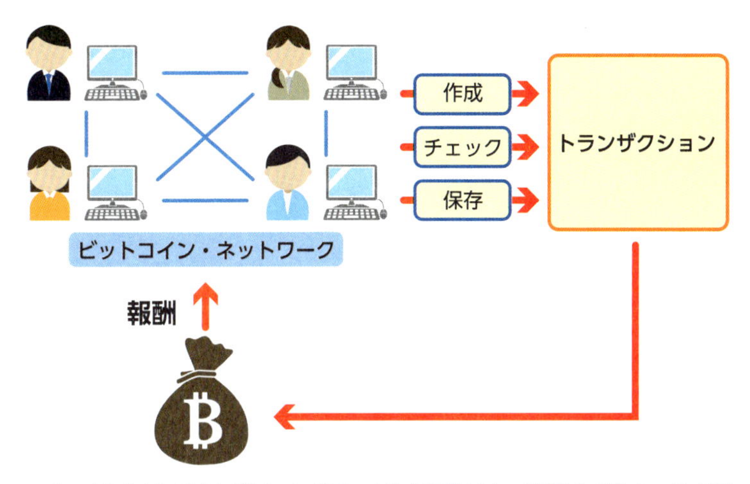

▲ブロックに含まれるトランザクションが正しいことを証明すると、報酬としてビットコインが発行される。

“金”に似たビットコイン

▲ビットコインは発行上限があり、およそ2140年頃、約2,100万BTCの発行を最後に発行されなくなる。

007

ブロックチェーンで独自の通貨が作れるの!?

スマートフォンからトークンの発行が可能

近年、続々と誕生する仮想通貨を見て、「もしかすると、自分だけの通貨を発行できるのでは？」と考える方もいると思います。結論からいえば、すでに現代は誰もが独自通貨を作ることができる時代です。必要なのは知識であり物理的な通貨は不要、それでいて世界中の人々が利用するかもしれないとあっては夢も膨らみます。

独自通貨の発行に必要になるのが、仮想通貨共通の基盤技術ブロックチェーンです。しかし、その知識を1から磨く必要はなく、スマートフォンからダウンロードできる「**仮想通貨プラットフォーム**」から、手軽に発行することが技術的には可能です（ただし国内で仮想通貨として使用する場合、資金決済法に基づき金融庁へ登録を受けた仮想通貨交換登録業者が、仮想通貨を登録する必要がある）。

さて、ここで少し専門的なお話になります。これらの独自通貨は主に「**トークン**」と呼ばれています。和訳では“代用貨幣”となり、既存のビットコインなどの通貨とは異なります。一般的にまだ定義付けはされていませんが、ビットコインが世界で流通しているのに対し、特定のコミュニティで流通するものがトークンとされています。つまり、「まだ多くの人に価値が認知されていない通貨的な存在」であり、そのトークンが流通しているコミュニティに魅力を感じ参加する人が多くなるにつれ、価値も上昇していくというものです。国内では法律で制限されている部分もありますが、仮想通貨プラットフォームを活用したコミュニティ（サービス）は続々と登場しており、現在さまざまなトークンが発行されています。

独自の仮想通貨は作れる？　作れない？

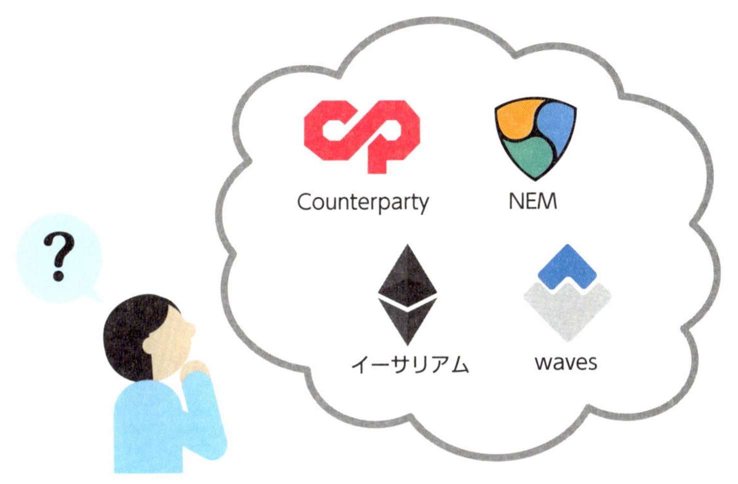

▲Counterparty、イーサリアム、waves、NEMといったプラットフォームを利用することで、独自のトークンを作ることができる。

スマートフォンでも独自通貨が発行できる

▲もっともかんたんにトークンの発行ができるのはCounterpartyを利用するやり方だ。スマートフォンに「IndieSquareWallet」アプリをインストールし、指定されている少額のビットコインとXCPをアプリ内のウォレットに入れ、指定アドレスへ送金するだけで発行が可能だ。

008
ブロックチェーンの「ブロック」と「チェーン」って何のこと？

「データの集まり」を「つないでいる」

難解なイメージのあるブロックチェーンですが、「ブロック」と「チェーン」それぞれの言葉を考えれば、そのしくみが見えてきます。

まずブロックとは、Sec.005で触れたデータの集まりのことです。そして、データとは、主に「トランザクション」であり、「**トランザクションを集めたもの**」をブロックといいます。

ここまでで、次のチェーンも何となくイメージできるのではないでしょうか。そう、チェーンは「**脈々と続くブロックのつながり**」なのです。では、ブロックチェーンが「どのようにブロックをつなげているのか？」も気になるところだと思います。

ブロックがつながるために必要になるのが、「1個前のブロックの情報を集約したデータ」です。A→B→C…とつながっているブロックがあるとすると、BにはAのデータ、CにはBのデータが引き継がれています。このデータの連鎖がチェーンたる所以なのです。

ブロックチェーンはこのしくみにより「データの改ざんを極めて困難」にしています。仮に、不正者がブロックの改ざんを試みた場合、「すべてのブロックに1個前のブロック情報」が入っているため、改ざんを成功させるためには「改ざんしたいブロック以降のブロックすべてを改ざんする必要」があるのです。それを実現できれば不正は可能ですが、1つのブロックを作るにも膨大な労力が必要で、かつ新しいブロックは次々に誕生します。つまり、ブロックチェーン・ネットワークを超える大きな処理能力を持たなければ、不正は行えません。つまり、改ざんは事実上不可能なのです。

ブロックはトランザクションの集まり

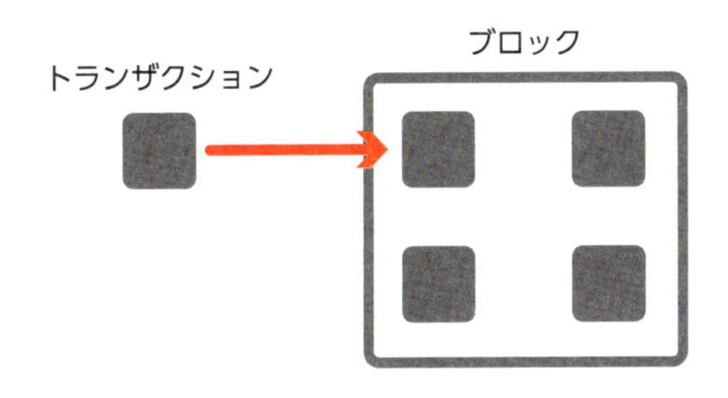

▲ブロックには集められたトランザクションが保存されている。

チェーンはブロックをつなぐ

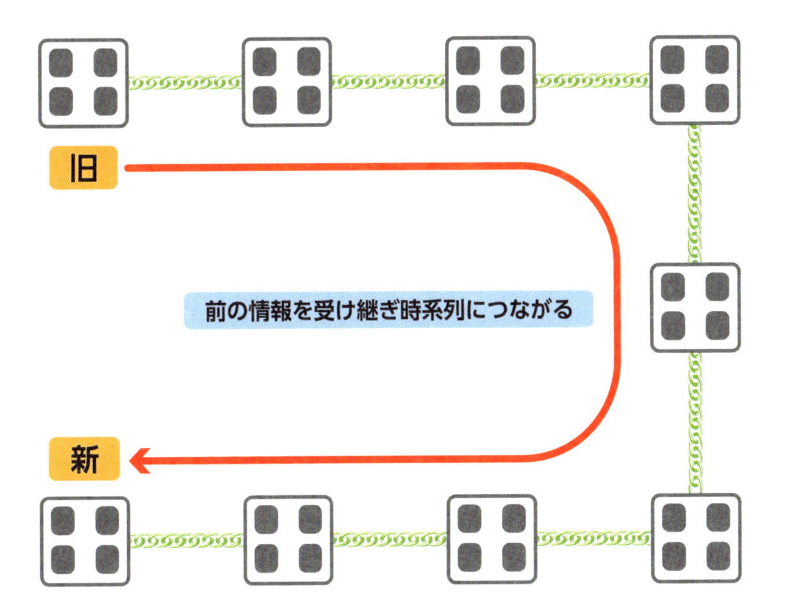

▲ブロックを法則性に則ってつなぎ、保存するブロックチェーン。

009 ブロックチェーンは絶対に「改ざん不可能」!?

参加者で不正がないかをチェックしている

前節で、ブロックチェーンのしくみが事実上データ改ざんを不可能にしていると記しましたが、それだけではありません。ブロックチェーンでは、参加者全員が維持管理を行うという性質ゆえ、“自立的”に強固なセキュリティのしくみが醸成されています。そのしくみの1つとして**プルーフ・オブ・ワーク**（以下PoW）があります。

PoWとはどのようなしくみかというと、「働いたこと（仕事）により正しさを証明する」作業です。まず、ノード（ブロックチェーンのネットワークに参加しているコンピュータ）は、膨大な単純計算（仕事）により、ハッシュ値（ある条件を満たした数字）を見つけることを競う、一種の「くじ引き」を行います。この**くじ引きに当たったノードには、新しいブロックを追加する権利と報酬が与えられます**。しかし、ブロックチェーンの中には、不正かどうかがを決める管理者はいません。それゆえ、ノード全員で、不正はなかったかをチェックする必要があります。ただ、ここで、管理者でもないのに「なぜノードがチェックしなければいけないのか？」という疑問を感じる人もいるでしょう。そこに、PoWの大きな特徴があります。上記のように、報酬を得られるのはくじに当たった人です。これを逆にいえば、誰でも報酬を得られる可能性があるということで、だからこそ“他人のズルを見逃さない”環境が構築されています。つまり、**「競争と衆目監視」がPoWの原理**であり、その結果ブロックチェーンは内部不正が行われない環境が作られているのです。

ブロックチェーンで働く人「ノード」

▲ブロックチェーン・ネットワークに参加しているノードの働きがセキュリティ環境を醸成している。

ブロックチェーンが安全なのはなぜ?

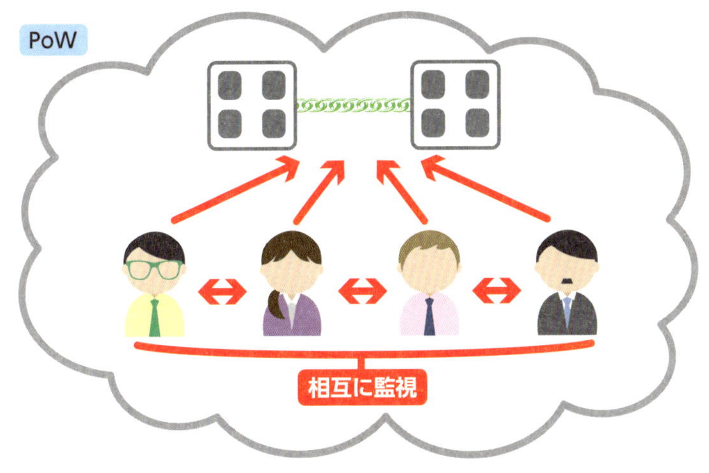

▲PoWでは一種の「くじ引き」に当たったノードが報酬を得る。また、ズルがないよう、衆目監視の環境となっている。

010
「マイニング」って何をしているの？なぜ儲かるの？

誰もができるけど、マイニングで儲けるのは至難の技

仕事をして報酬を得るノードを「マイナー」、その行為を「**マイニング**」（「採掘」という意味だが、実際に何かを掘るわけではない）と呼びます。ビットコインを例にすれば、未発行分のビットコインを報酬として得るために行う「ブロック作り」です。「マイニングは儲かる」という話題を聞いたことがある方も多いと思います。では、本当に儲かるのか、またマイニングには何が必要なのでしょう？

まず、誰もがマイナーになれ、誰もがマイニングを行うことができます。では、どんなことをしているかですが、かんたんにいえば「コンピューターを使った計算」です。ブロック作りに必要になる膨大な計算を専用のコンピューターを使って行うもので、**「いちばん早く正解を当てたマイナー」が報酬を得る**ことができます。計算を一番乗りで行うと総当たりの試行回数を多く稼ぐことができるため、報酬を得る確率は上がります。しかし、だからといって常に正解を見つけられるかというと、そうではありません。

さて、肝心の儲けられるかについてですが、これは何ともいえません。マイニングを行うだけであれば、仮想通貨ウォレットの作成とコンピューターの用意、マイニングソフトのインストールですぐにはじめられます。ただ、「いちばんになる」のは至難の技です。利益を出しているマイナーは、巨額の設備投資を行っています。また、計算はコンピューターの性能をフル活用して行うため、多額の電気代もかかります。つまり、誰もが参加できる一方、儲けるためには大きなコストが必要なのです。

マイナー、マイニングとは?

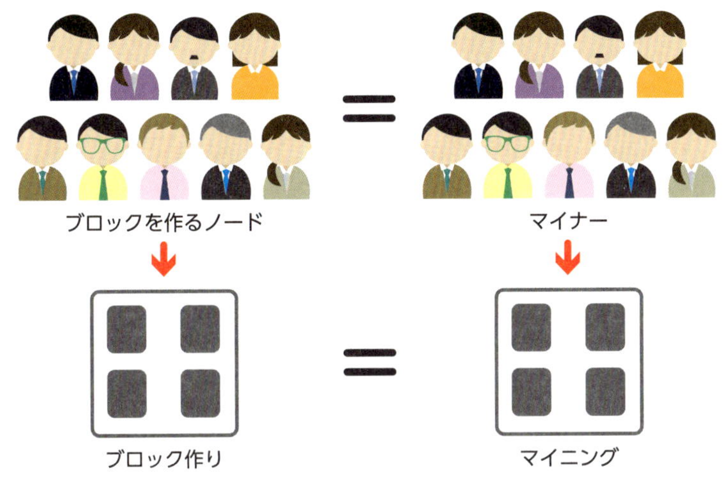

▲マイニングとは、ブロックを生成することで報酬を受け取ること。

採掘できる上限があり「金」に似ている?

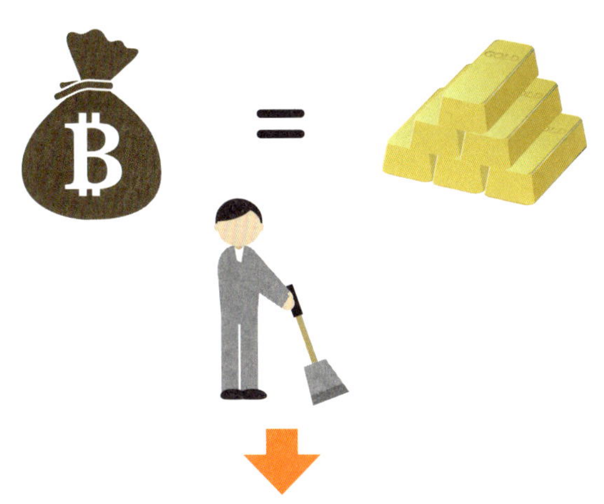

「仕事をするほど報酬は減るが、その分、価値は上がる」

▲ビットコインは、いずれ発行されなくなることから金にたとえられる。

011

ブロックチェーンは誰でも中身が見えるって本当!?

透明性が高いゆえに取引データは公開されている

ビットコインの話題ではよく、「匿名性が高い」という評判が出てきます。これは半分事実であり、半分間違いです。確かに、ビットコインの利用は、専用アカウント作成により匿名性が守られています。しかし、アカウント情報と取引履歴が結び付いた場合は異なります。「取引データはのちに変更できない」ことから、**すべての取引を他者に知られてしまうことにもなる**のです。そのため、現在では、ブロックチェーンをさまざまな商取引で安全に活用できるよう、匿名性を高める暗号技術の研究開発が進んでいます。

中でも「**ゼロ知識証明**」技術は、非常に匿名性の高い暗号技術だといわれています。その特徴は、「命題の証明という順序を踏まず、そのデータは正しい」と証明できることです。ビットコインにたとえれば、ブロックチェーンの環境を保持しつつ、「送り手や受け手、金額といった取引情報を一切残さず、正しい取引を行える」ようにすることができます。

2016年10月に登場した新しい仮想通貨「Zcash（ジーキャッシュ）」には、このゼロ知識証明が採用されています。今後もさまざまに登場する暗号技術を応用すれば、ブロックチェーンが適用できる範囲が広がっていくでしょう。しかしその一方では、ゼロ知識証明技術を応用した仮想通貨が犯罪に使われてしまった場合、追跡が困難であるというデメリットがあるのもまた事実です。暗号技術を応用する際にはそのようなデメリットがあることを、今後はしっかり考慮する必要がありそうです。

ブロックチェーンは誰もが情報を共有

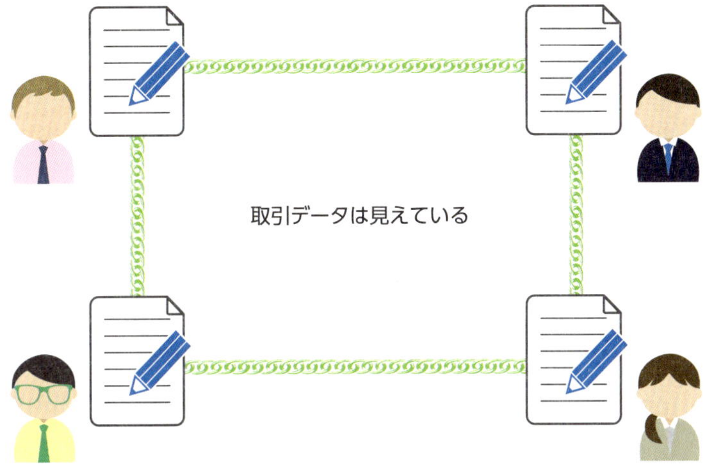

▲その性質上、ブロックチェーンは不特定多数に情報が公開されている。

匿名性を高めた「ゼロ知識証明」技術

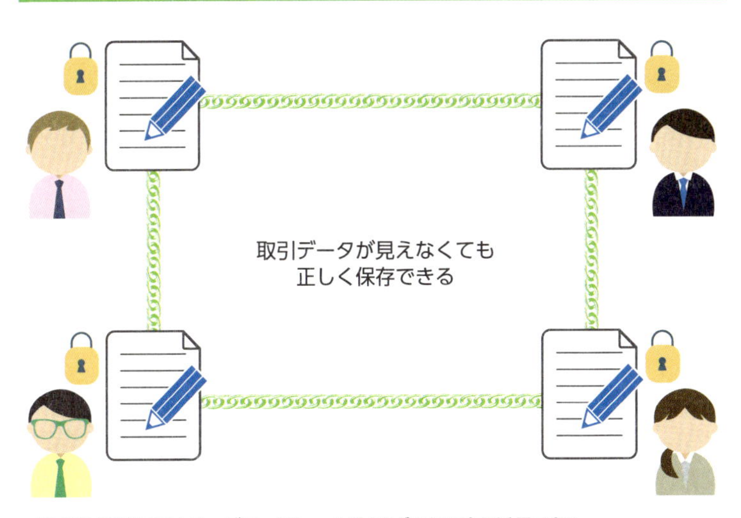

▲匿名性を高めることで、ブロックチェーンをさまざまな用途に活用できる。

012 ブロックチェーンには種類があるの?

管理者の存在や決まりごとの厳格さが異なるブロックチェーン

世の中にはたくさんの仮想通貨があるように、ブロックチェーンにも、「パブリックチェーン」、「プライベートチェーン」、「コンソーシアムチェーン」という種類があります。

まず、**パブリックチェーン**は、「誰でも参加できるネットワーク」です。管理者が不在であり、ネットワーク参加には許可も資格も不要で、さらに、参加者の数に制限もありません。また、「ネットワークの参加者が合意に至るための厳格な決まりごと」を課しているのも特徴です。このパブリックチェーンとして動作しているのがビットコインであり、現在、その維持管理は、世界中の8,700以上ものコンピューターで築かれたネットワークにより行われています。

プライベートチェーンは、パブリックチェーンとは対照的に「管理者が存在」していて、ネットワーク参加には管理者の許可が必要なブロックチェーンです。“選ばれた参加者”だけが参加しているため、ネットワークを維持するための決まりごとを少なくでき、パブリック型と比較して迅速な合意に至ることができます。この特徴から、銀行などの金融機関、または企業内でのプロジェクトに応用できると考えられています。

コンソーシアムチェーンは、プライベートチェーンと特徴は似ていますが、「複数の機関や会社がパートナーシップを組み」管理を行うブロックチェーンです。ここから、たとえば複数の会社で構成された団体の決済処理や企業連携による事業管理などへの応用が期待されています。

各ブロックチェーンの主な特徴

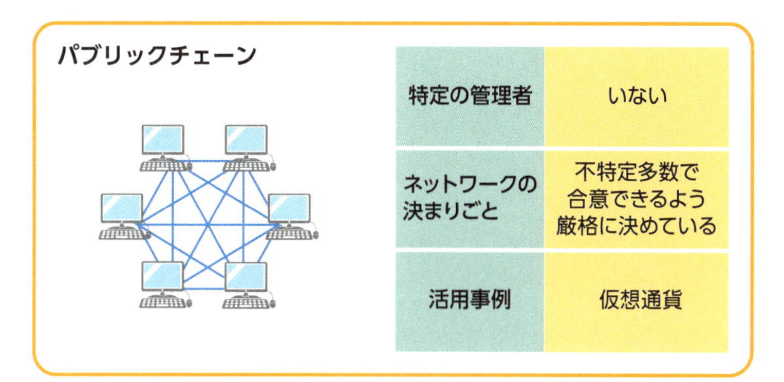

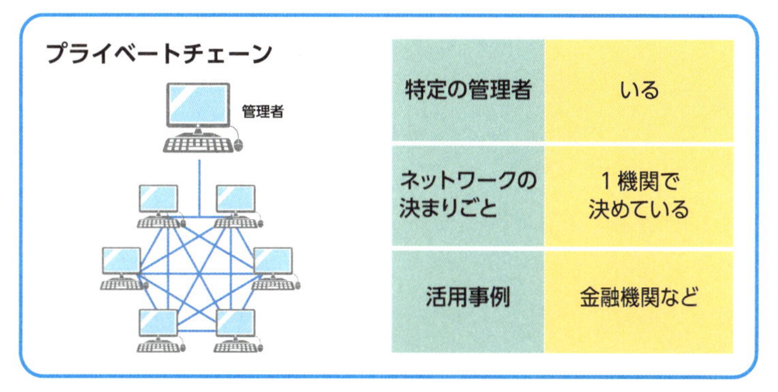

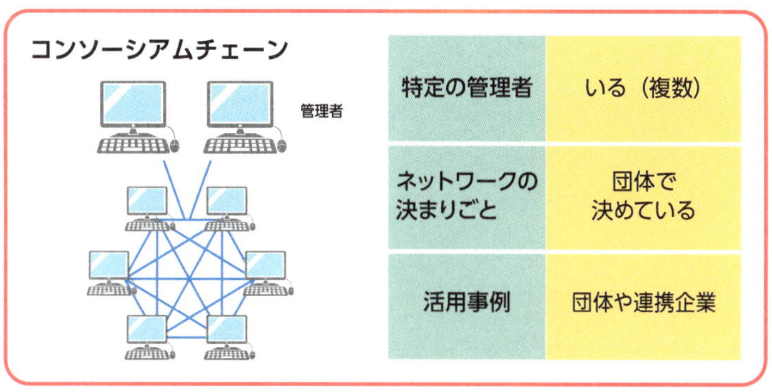

▲ブロックチェーンは3つの種類に分類される。ブロックチェーンの種類はビットコイン・ブロックチェーンから派生、拡張した。

013

ブロックチェーンを導入するメリットは?

コスト削減やセキュリティの高さ

日に日にその応用への期待値が高まるブロックチェーンですが、果たして導入により、どんなメリットがあるのでしょうか？

まず高い効果を期待できるのが「**コスト削減**」です。たとえば、金融機関の国際送金の場合を考えてみましょう。海の向こうにお金を送るためには、送金元となる送金元銀行、中継銀行、受取元となる送金先銀行の存在が必要になり、送金するだけで2つの銀行を経由しなくてはなりません。つまり、従来の国際送金は、中間コストや間接的な費用に加え､送金から着金まで多くの時間が必要でした。一方、このしくみをブロックチェーンで代替すると、「中継銀行が不要」になり、「送金元・送金先の銀行は、即座に送金情報の共有と送金・着金」が可能になります。銀行から見ればコストの大幅な削減になり、依頼者から見れば安い手数料と短時間で送金を行うことができるようになります。

加えて**セキュリティの高さ**も魅力的です。特定の部署や機関がデータを扱う中央集権的管理とは異なり、分散管理できるブロックチェーンでは、局所的なサイバー攻撃の影響を心配しなくてもよくなります。さらに、保存されたデータは改ざんが事実上不可能であることから、関係者による不正も防ぐことが可能です。

さらに、第2章で解説しますが､「スマートコントラクト」というブロックチェーンの機能も大きな注目を集めています。この活用により、さまざまな**取引にかかる複雑な契約事項をプログラム化・自動化することが可能**になります。

国際送金の事例で見るブロックチェーンのメリット

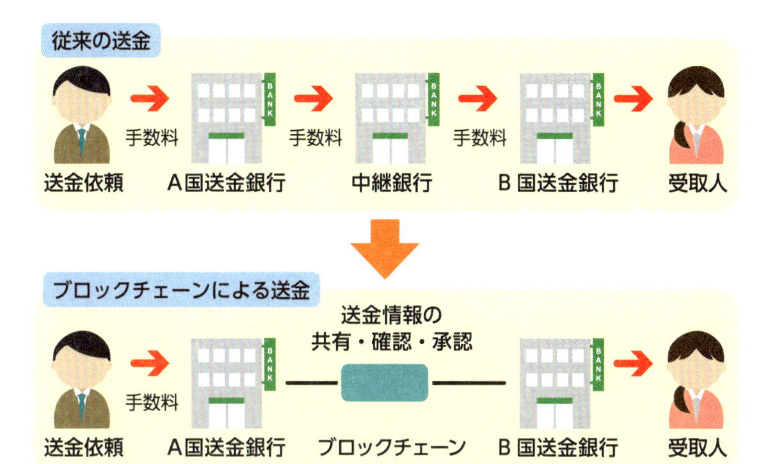

▲国際送金にブロックチェーンを利用することで、コストと時間を大幅に削減することができる。

データセキュリティの事例で見るブロックチェーンのメリット

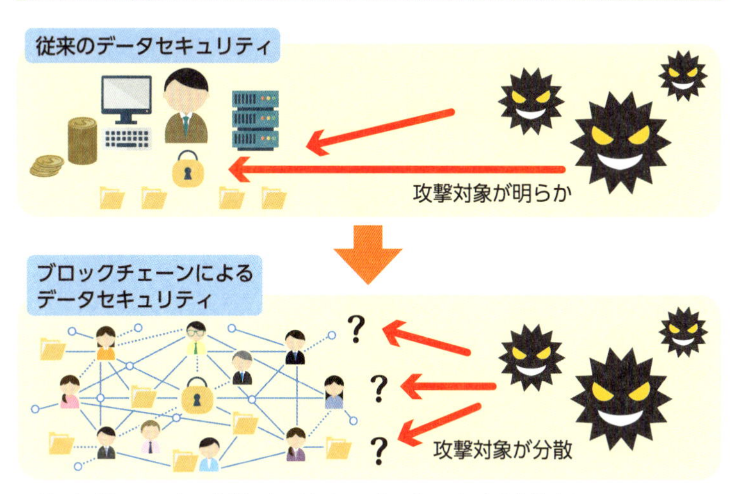

▲データがネットワークに分散しているため、セキュリティリスクも分散する。

1
今さら聞けない！ ブロックチェーンの基本

014

ブロックチェーンにデメリットはある？

データ容量と合意形成に問題をはらんでいる

ブロックチェーンは、そのメリットが期待されるとともに、懸念されているデメリットもいくつかあります。

まず大きな懸念材料とされているのが「**容量の問題**」です。ブロックチェーンは取引データを保存し続ける一方で、データの削除などの変更はできません。つまり、ブロックチェーンが使われる限り、そのデータ量も増加し続けるということです。ここに問題があります。ストレージ容量は、ネットワークを築く不特定多数のコンピューター1台1台が担っています。であればこそ、膨大に保存できるものの、もし、データの巨大化がストレージ容量を超えてしまったら…。そこにあるのはブロックチェーンの破綻です。近年のコンピューターの高速化・大容量化は革新的ですが、そのスピードをブロックチェーンが凌がないとはいい切れないのです。

次に、「**合意形成の問題**」もあります。ブロックチェーンの合意は、ブロックチェーンの種類で内容が異なるものの、かんたんにいえば“多数決”です。ネットワークの参加者の過半数がイエスといえば、決定事項になります。そこで、悪意ある合意がされないよう、管理者によるネットワーク参加制限やPoWなどの決まりごとが設けられているのです。しかし、抑止力として完全な権力を持っているわけではありません。ビットコインでよく耳にする「**51％攻撃**（51%attack）」は、そこが懸念されている話題です。高いマイニング能力を持つ悪意あるグループがネットワークの51%を占めてしまうと、合意は独占され、不正な取引が行われてしまいます。

膨らみ続けるデータ量

▲ブロックチェーンは、データの削除ができないため、取引が行われるたびにどんどんとデータ容量が増え続けている。

悪意のあるマイナーによって、専有されるブロックチェーン

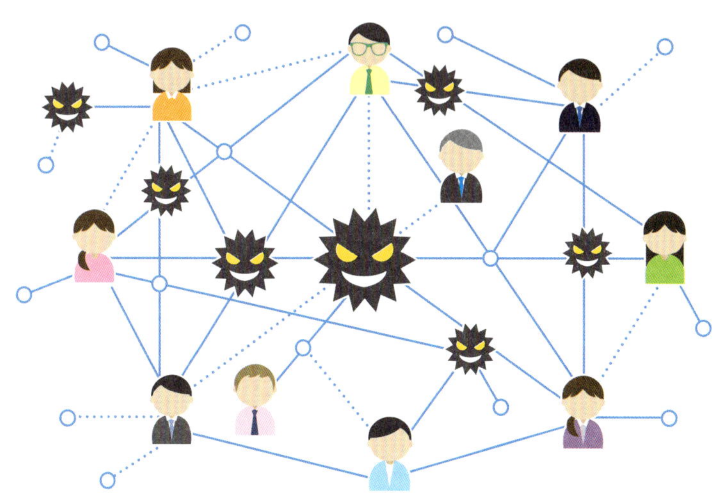

▲1つのグループが51%を占めると、ブロックチェーンが専有されてしまう。

015

ブロックチェーン2.0って何のこと?

データ容量と処理速度の改善課題に取り組む

ブロックチェーンは、今もなお進化し続けています。その時々の節目は数字で表され、現在は「**ブロックチェーン2.0**」と呼ばれています。では、いったい以前と何が違うのでしょうか。

ブロックチェーン2.0をかんたんにいえば、「**さまざまな用途に応用するための準備**」です。目的は、ブロックチェーン活用による新しい社会やサービスの構築で、目下、そのための技術改善と研究が行われています。

多様な用途への応用を考えると、まず課題になるのが「**データ保存容量と処理速度**」です。ビットコイン・ブロックチェーンでは、1つのブロックにまとめられるトランザクションは1秒に7件、そして1ブロックあたりの容量は1メガバイトという制限があります。また、ネットワークの決まりごとであるPoWから、処理が完了するまで10分のタイムラグが発生します。つまり、大きなデータを高速で一度に処理する用途には向いてないのです。また、ブロックチェーン自体も、誰もが参加できるネットワークである以上、上記から限界を迎えるとも考えられています。

そこで近年、ブロックの容量拡大・拡張が積極的に議論されるとともに、ビットコイン・ブロックチェーンとは異なる独自のブロックチェーンも誕生しました。中でも注目を集めるのが「**イーサリアム**」で、従来のブロックチェーンの特徴に加え、「スマートコントラクト」という機能を搭載しています。また、送金速度を高速化させた独自の認証システムを搭載する「**リップル**」などもあります。

主なブロックチェーン2.0の技術

オフチェーン

ブロックチェーン外でブロックチェーンの運用を円滑にするための動作をするしくみ。

リップル

金融機関の即時決済に対応するブロックチェーンを応用したプラットフォーム。

プライベート／コンソーシアムチェーン

管理者が存在し、参加者を特定しているブロックチェーン。

カラードコイン

ビットコインのデータに新たな価値を乗せて流通ができる。

▲「ブロックチェーン2.0」では、ブロックチェーンをさまざまな用途に実社会で応用できるようにする技術改良・開発が行われている。

多様な可能性を持つイーサリアム・ブロックチェーン

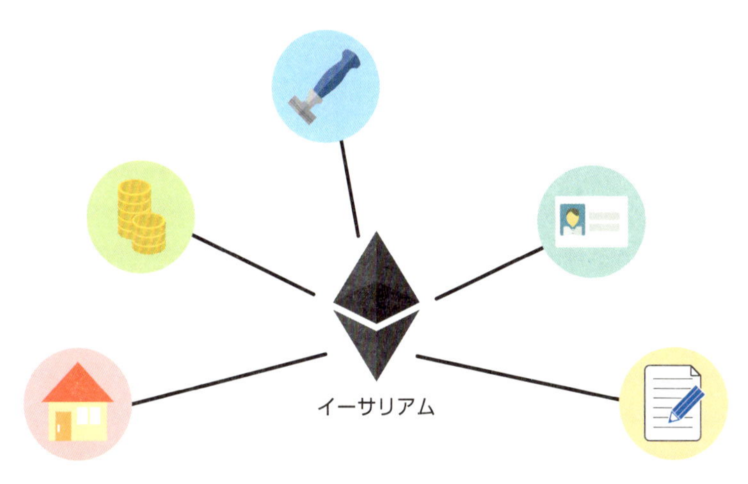

▲契約の自動化が可能となる「スマート・コントラクト」などイーサリアム独自の機能は、他分野に活用できる可能性を持つ。

Column

ブロックチェーンが第4次産業革命を加速させる

世界中でインダストリー 4.0、「第4次産業革命」が進展を見せています。インダストリー 4.0といえば、真っ先にイメージするのが「IoT」「AI・ロボティクス」「フィンテック」ですが、フィンテックはもちろんのこと、これらの技術とブロックチェーンは密接なつながりを持ちます。

たとえば、IoTが実現することは、センサーデバイスにより別々の拠点がつながり、ネットワークを形成することですが、そのためには適したプラットフォームが欠かせません。では、"適する"とは何か？といえば、「システム障害が起こらない」こと、そして「複数のデバイスから手軽にアクセスできる拡張性」です。この要件をブロックチェーンは満たしています。システムダウンが限りなくゼロに近い分散型ネットワークであり、また一極に集中したサーバーが不要なことから参加者の端末によりアクセスを限定されることもありません。

また、AI・ロボティクスの場合では、必要になるのが「データの信憑性」です。AIのデータはさまざまなセンシングにより蓄積されたデータですが、もしそのデータが改ざんされてしまった場合、当然、立ち行かなくなってしまいます。そのデータは正しいものであるという確証は、AI搭載のロボットに注目が集まっている昨今の情勢を見れば、より重要になっていくことでしょう。そこにも「絶対改ざんされないしくみを持つ」ブロックチェーンは有効なのです。

このように、現在「第4次産業革命のテクノロジー ×ブロックチェーン」への注目度が高まっています。

Chapter 2

これだけ覚えればOK！ブロックチェーンのしくみ

016

「ブロック」の中身を知ろう!

ブロックには取引データ、ハッシュ値とナンスが入っている

第2章では、ブロックチェーンの理解を深めるため、そのしくみについて見ていきましょう。専門的な言葉も出てきますが、できるだけ誰にでもわかりやすいように解説していきます。まずはおさらいとして、ブロックチェーンの「ブロックの中身」です。

第1章では、ブロックには、取引データであるトランザクションが入っていると説明しましたが、実はそれだけではなく「1つ前のブロックのハッシュ値」と「ナンス（ノンス）」というものも入っています。ここでは、まず言葉だけ覚えておいてください。ハッシュ値についてはSec.017で解説します。

ブロックチェーンのブロックを、「大切な取引の書類が入った箱」とイメージしてみます。すると、ブロックチェーンは、「箱を順番につなげるために使われる」技術になるので、何となくハッシュ値とナンスの役割も見えてきます。まず、**ハッシュ値**は、「箱を順番につなげるためのもの」です。仮に、書類が入ったたくさんの箱があるとします。それを“内容順に並べる”ために、1つ1つ確認するのはたいへんです。そこで、どの箱とどの箱が関連しているかを証明するために使われているのが、ハッシュ値です。

ナンスには、少し複雑な役割があります。次の新しい箱作りを、誰かに頼むとしましょう。その際、箱作りにはある条件があります。「あるターゲット値より小さいハッシュ値になること」で、ナンスはその計算で使われた値です。そして、そのナンスとハッシュ値を含んだ新しい箱が作られます。

ブロックの中身に何が入っている?

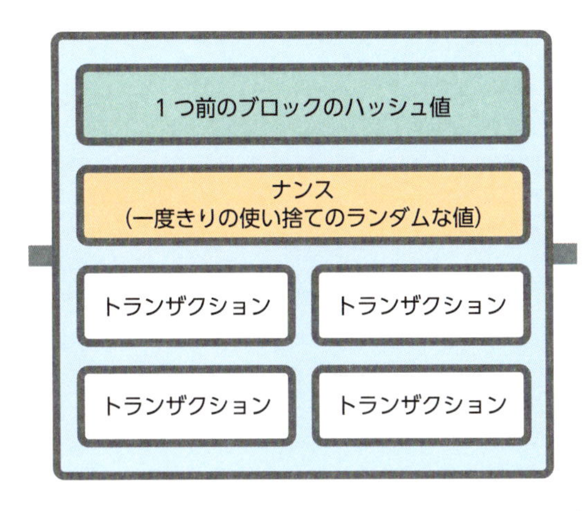

▲ブロックには「ハッシュ値」、「ナンス」、そして「トランザクション」(取引データ)などが入っている。このハッシュ値とナンスは、ブロックをつなげる重要な役割を果たす。

チェーンをつなげるハッシュ、チェーンを新しくするナンス

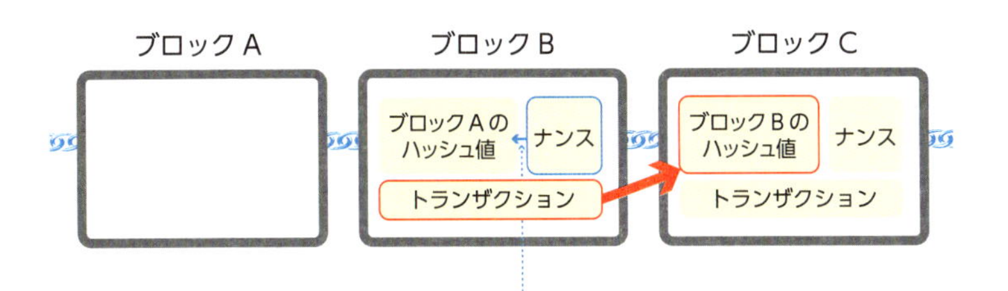

これから確定する取引データに、ナンスの候補を加え、そのハッシュ値を計算する。計算した結果、ターゲットの値より小さくなるかを確認し、小さくならない場合はナンスの候補を変えて再度計算し直す。これを繰り返し、得られたターゲットより小さくできる値がナンスとなる。

▲ブロックは、ハッシュとナンスのおかげで正常につながっていく。

017

ブロックチェーンを改ざんから守る「ハッシュ」

一定の長さの数列に変換してデータ改ざんを防ぐ役割

ハッシュ値について、もう少し詳しく見ていきましょう。

ハッシュ（hash）とは、和訳すると「細かく切る」という意味です。ブロックチェーンでは、「計算式を使って情報を細かく分解する方法」があると覚えておくとよいと思います。これは「ハッシュ関数」による計算方法で、たとえば、「ブロックチェーン」というテキストデータをハッシュ値にすると、「d74r3y5968ewws4……」になる、というイメージです。また、よくたとえられるのが自動販売機です。自販機（ハッシュ関数）にお金（データ）を入れると、ジュース（ハッシュ値）が出てくる。つまり、今あるものとは形が変わり、アウトプットされるということです。さて、ここで疑問を持つ方も多いと思います。なぜ、データを一見何の意味も持たない数字の羅列に見えるハッシュ値にする必要があるのでしょうか？

それは、**ハッシュ値そのものには改ざんを防ぐ機能はありませんが、前のブロックにあるハッシュ値には、改ざんを防ぐ役割がある**からです。データを正しくつなげていくためには、データAとデータBの関連性を正しく証明する必要があります。しかし、その部分が誰にでもわかる内容では、すぐにデータが改ざんされてしまいます。そこで、**他者には元データを特定、推測することができない一定の長さの数列（＝ハッシュ値）に変換**しているのです。

また、ハッシュ値に変換することで、「**データ容量を小さくできる**」特徴もあります。1つ1つのブロックの容量が定められているブロックチェーンでは、大きなメリットであり、不可欠なものなのです。

ハッシュ値は一定の長さの数列

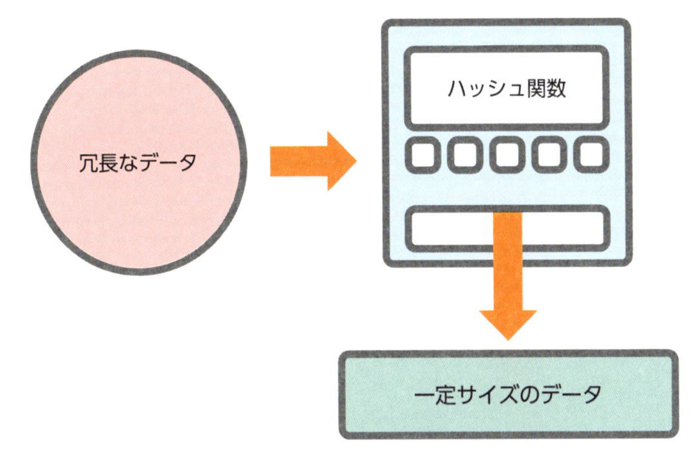

▲情報（データ）をハッシュ関数に通すと、一定の長さの数列に変換される。

データ容量を小さくし、ハッシュ値を使ったしくみで改ざんを防ぐ

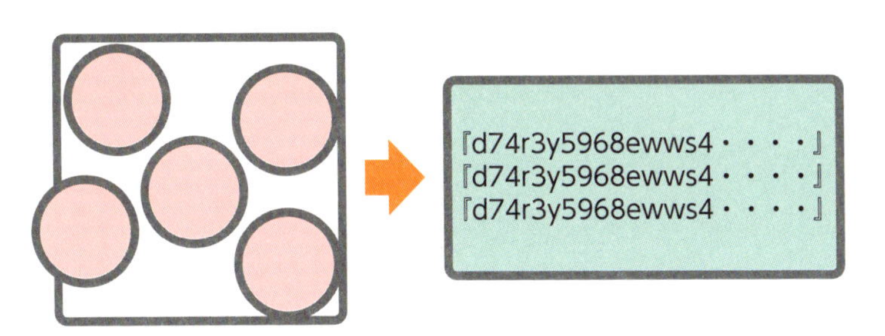

▲データ容量を小さくするのがハッシュ値の役目。また、ハッシュ値を利用したしくみはデータ改ざんを防ぐことにもなっている。

018

ブロックチェーンの取引を安全にする「電子署名」

暗号技術で作られるネットワーク上の証明

ブロックチェーンでは、改ざん以前に「保存されたデータの書き換え」もできません。それゆえ、データの信用性が証明されている必要があります。そこに役立つのが「**電子署名**」です。電子署名は契約書に記すサインのようなもので、「このデータは送信者から正しく送信されたものである」ことを証明することができます。まずは電子署名に欠かせない「公開鍵暗号方式」から説明しましょう。

公開鍵暗号方式は、「公開鍵」と「秘密鍵」というペアキー（実際には数値）を使って暗号化する技術です。「公開鍵は秘密鍵から作られる」、「公開鍵（秘密鍵）で作った暗号は秘密鍵（公開鍵）で解くことができる」、「公開鍵から秘密鍵の予測はできない」という特徴があり、電子署名ではこれらのしくみを活用します。

仮に、AさんがBさんにメッセージを送りたいとします。重要な内容なので、「メッセージは自分のものである」ということ、「改ざんされていない」ということも伝えなければなりません。そこで、Aさんはメッセージと一緒に、「秘密鍵で暗号化したメッセージ」と「公開鍵」をBさんに送信します。そして、それらを受け取ったBさんが行うのが、公開鍵による暗号メッセージの解読（復号）です。公開鍵でみごと解読できれば、送信者はAさんであり、内容も改ざんされていない証明になります。なぜなら、**公開鍵と秘密鍵は必ず対**になっていて、この場合の秘密鍵の所有者はAさん以外にいないからです。このしくみにより、ブロックチェーン（主にビットコイン・ブロックチェーン）の取引の安全性が守られています。

公開暗号方式のしくみ

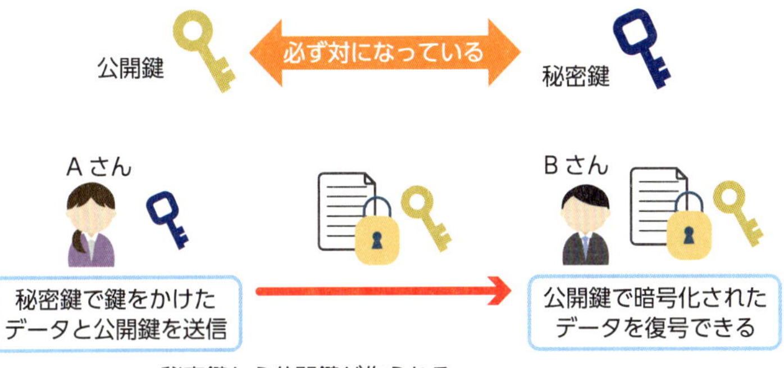

▲ブロックチェーンの電子署名には、対となる公開鍵と秘密鍵を利用して暗号化する「公開鍵暗号技術」が使われている。

電子署名とは

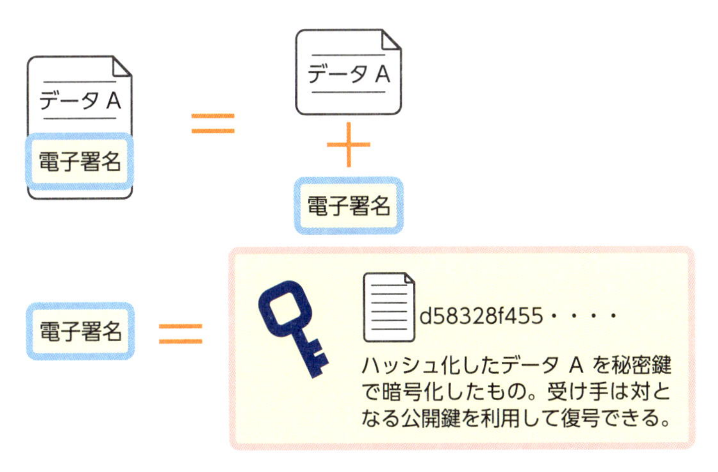

▲電子署名は、公開鍵方式のしくみを使い作られる。電子署名、公開鍵暗号方式ともに、ブロックチェーン独自のしくみではなく、Webサービスなどで広く使われている。

019

複数人の署名が必要な「マルチシグネチャ」

複数人で取引リクエストの正当性を決める

電子署名には「**マルチシグネチャ**（マルチシグ）」というしくみがあります。これは、セキュリティの向上や利便性向上を目的として、ブロックチェーン自体ではなく、アプリや仮想通貨取引所などのウォレットで導入が広がっています。

マルチシグネチャをかんたんに説明するのには、みなさんがよく利用しているFacebookの機能がわかりやすいでしょう。Facebookには、自分のアカウントにアクセスできなかったとき、「信頼のおける友達に助けてもらえる」という利便性の高い機能があります。なぜ、この機能があるかといえば、当事者が“本当にアカウントの所有者なのか”を、「信頼できるみんなが決める」ためです。マルチシグネチャは、これと似たしくみを持っています。

マルチシグネチャは、ブロックチェーン上で「取引リクエストに必要となる電子署名を正しく行う」ために機能します。たとえば、会社や団体で1つのビットコイン・アカウントを持つとき、“誰かのコインの持ち逃げ”や“秘密鍵の紛失”に気を付けなければいけません。そうならないためのもので、「アカウントの管理権を複数人にゆだねる」ことができます。具体的にいえば、「**取引リクエストの正当性を、複数で決める**」ということで、マルチシグネチャを採用した取引では「決定には過半数の署名が必要」になります。「2-of-3マルチシグアドレス」の場合、表記上では2/3のように分数で表示され、「秘密鍵を持つ3人のうち、２人の承認」を得なければ取引は行うことができません。

通常の電子署名とマルチシグネチャの違い

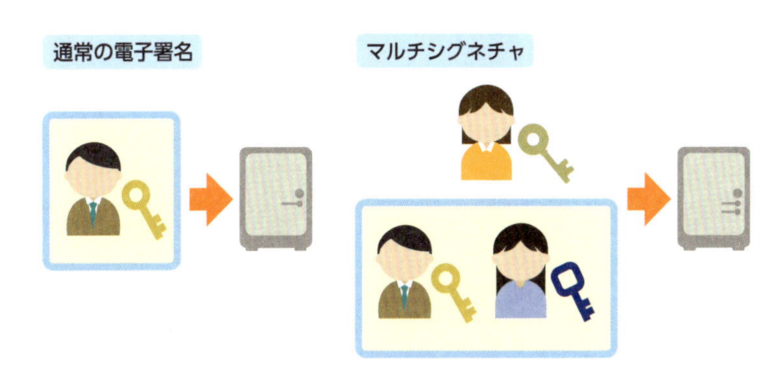

▲通常の電子署名では秘密鍵を利用して1人だけで送金などの取引リクエストを実行できるが、マルチシグネチャは、複数の秘密鍵がないと取引リクエストの実行はできない。管理者の過半数が取引リクエストを承認しなければならず、内部不正に対して監視を行える。

2-of-3マルチシグアドレスのしくみ

取引には 2 つの秘密鍵が必要となるため、
悪意のある者に秘密鍵を盗難されても
取引リクエストの実行はできない

▲2-of-3マルチシグアドレスでは、送金など取引リクエストを実行する場合、3つの秘密鍵のうち、2つが必ず必要となる。1人による不正や悪意のある者による秘密鍵の盗難などが行われても、取引リクエストは実行されないというセキュリティの強固さがある。

020

ブロックチェーンの停止を防ぐ「P2Pネットワーク」

データはみんなで共有しており攻撃を受けてもダウンしない

ブロックチェーン上で運用されるシステムは、**ダウン（停止）することがありません**。

従来のコンピューター・ネットワークの運用は、システムダウンとの戦いでした。サイバー攻撃により、政府や金融機関、または企業のネットワークが一時停止した、などの話題を見たことがある人も多いでしょう。この問題はネットワークが広がれば広がるほど、大きな問題になり、業務の停止やサービス利用不可などは莫大なコストを発生させます。しかし、ブロックチェーンで築かれるネットワークは、それが事実上起こり得ないのです。

ブロックチェーンのネットワークは「**P2Pネットワーク**」と呼ばれます。従来のクライアントサーバー型ネットワークとの違いは、**"単一障害点"を持たない**ことです。つまり、一箇所を攻撃すればサービス全体を止められるという場所がありません。また、P2Pネットワークは「データを管理・提供するサーバー」とそのデータを利用する「クライアント」という立場は存在せず、ネットワークに参加しているコンピューターが"対等"に「データを管理・共有し利用」しています。そして、この特徴は、システムが停止しない証明にもなります。たとえば、ネットワーク上の誰かがサイバー攻撃を受けても、肝心なデータをみんなで共有しているので、データは失われず壊れもしません。もし、ネットワーク上のコンピューターすべてが攻撃を受けるのであれば停止するかもしれませんが、攻撃のためのコストを考えれば事実上不可能なのです。

「P2Pネットワーク」ではみんな平等で対等

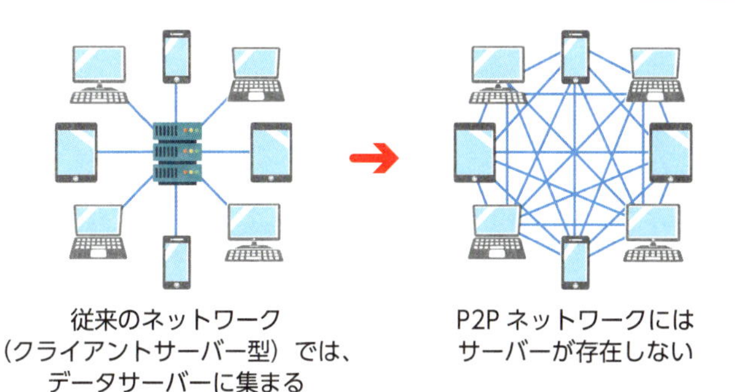

▲ブロックチェーンの分散型ネットワークとは、「P2Pネットワーク」を指す。このしくみにより、システムがダウンすることがない。

システムダウンしないネットワーク運用の理由

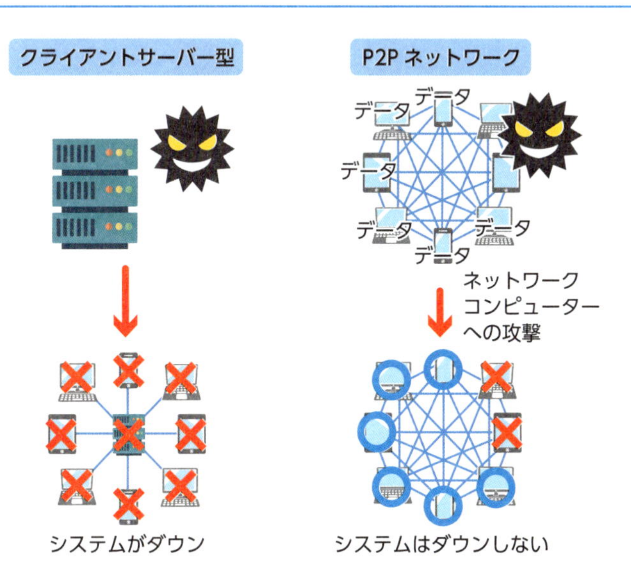

▲データの分散管理から、P2Pネットワークにはサーバー攻撃の対象となる主対象が存在しない。それゆえ、一部のコンピューターが攻撃を受けても、システムに影響はない。つまり、いつでも安定した運用が可能となる。

021

多数のコンピューター間で「合意」を得る方法

マイナーがナンスを探し、ほかのマイナーが検証を行う

Sec.009でおおよその内容を解説しましたが、ブロックチェーン・ネットワーク上のコンピューターたちが協力し、取引の処理を正しく行うためのしくみが**PoW**です。「仕事」と「報酬」にたとえましたが、ここではより専門的に説明していきます。

まず、AさんとBさんがブロックチェーンを使って取引を行うとしましょう。Aさんが取引データのリクエストをネットワークに送信すると、ネットワークのコンピューターはこのリクエストを受け取ります。さて、ここからがマイナーの出番です。

マイナーを担うコンピューターは報酬を得るために、ブロック作りを行おうと膨大な単純計算を開始します。ブロックチェーンの報酬は"評価性"なので、マイナーは誰よりも早く単純計算し、当たりくじを引かなければいけません。

では、その計算とはどのようなものなのでしょうか？　これは、「**ナンス**」と呼ばれる一度きりの使い捨てのランダムな値をひたすら変更して、ターゲット値よりも小さい値を見つけようとすることです（Sec.016参照）。マイナーはSec.017の**「ハッシュ関数」を使って、ただひたすらナンスを探します**。

ナンスをいちばん早く見つけたマイナーが登場すると、次に行われるのが「**そのほかのマイナーによる検証**」です。本当にそナンスが正しいのか？　不正を行っているのではないのか？　がチェックされ、取引データの処理は完了します。つまり、ブロックチェーン上の合意」とは、「**ナンス探しの競争とその検証**」のことを指します。

PoWはマイナーによる"ナンス探し"

ナンス
・ターゲット値より小さくならなくてはならない。
・約2週間に1度、ナンス探しの難易度が調整される。
・難易度は10分に1度ナンスが見つかるように自動設定される。

▲ブロックを正しくつなげるための「ナンス」はマイナーによって探される。具体的にはコンピューターを用いて膨大な計算を行う。

PoWはマイナーの競争と検証により合意形成される

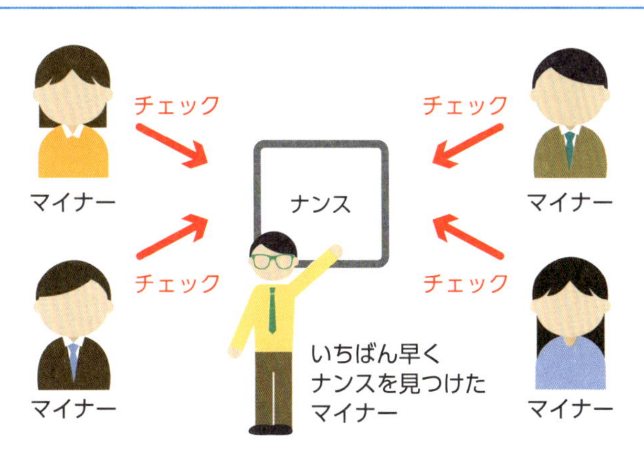

マイナーの競争＋検証＝ブロックチェーンの合意

▲PoWによる合意形成は、マイナーの競争と検証により行われる。これにより、平等と対等のP2Pネットワークでも安定した取引処理が行われる。

022

新しい合意形成アルゴリズム

PoWがはらむ課題を克服する合意形成のしくみの誕生

PoWは、自然に正しい処理が行われるしくみを実現しています。しかし、高い計算能力を持つ悪意のあるマイナーが過半数を占めた場合、信憑性がゆらぐという欠点があります。実際に過半数を占めるには、膨大な設備が必要なため不可能とされていますが、懸念材料であることは変わりません。また、何よりも単純計算によるマイニングの電気代やコンピューターハードウェアなどの多大なコストをムダに浪費しているという問題をはらんでいます。そこで、PoWに変わる合意の方法、PoSとPoIが誕生しました。

PoSは「**プルーフ・オブ・ステーク**」で“保有の証明”という意味を持ちます。PoSでは**「コイン保有額とその保有期間から算出される数値」を証明に使う**ため、電気代などを浪費することはありません。また、PoSでは、ネットワークの過半数を占めるめには“流通コインの半分以上の額”を持たなければならず、独占は事実上不可能になっています。

また、**PoI**は「**プルーフ・オブ・インポータンス**」で“重要性の証明”という意味を持ち、こちらはPoSの欠点を補ったしくみです。PoSでは、ブロックの作成権利を得るために多くのコインを保有する必要があるため、“コインを流通させないほうがよい”というマイナーの発生が考えられます。そのため、PoIでは**「コインの取引量や取引回数の多いマイナー」が、権利を得やすいしくみを採用**しています。こちらもPoS同様、電気代などの浪費がないのも特徴の１つです。

PoWが抱える問題点

PoW のネック

・高性能なコンピューターや巨額な資金を持つマイナーがマイニング（ナンス探し）を有利に行えるしくみになっている。

・計算能力が高く、悪意を持ったグループがネットワークの過半数を占めると、不正が行われる懸念がある。

▲ビットコインのマイニングは誰もが参加できるが、高性能なコンピューターを持つマイナーが有利とされている（ただし、どの参加者にもマイニングできるチャンスはある）。

PoWから派生した新たな合意形成

PoS

コインをたくさん持ち、長期に保有しているマイナーがマイニングの勝者（ブロック作成の権利者）になりやすい。

PoI

コインの取引量や回数の多いマイナーがマイニングの勝者になりやすい。

▲昨今、PoSやPoIのほかにも、さまざまな合意形成アルゴリズムが誕生している。

023
「管理者」のいるプライベートチェーン

共通意識を持ち処理速度を向上させたブロックチェーン

Sec.012で「管理者のいるブロックチェーン」と紹介した「プライベートチェーン」について、詳しく見ていきましょう。そもそもブロックチェーンとは、「第三者機関不在の取引システム実現」のために考案されたしくみでした。それを考えると、管理者を置くことで本来の目的から逸れる印象も受けますが、そこにはどんなメリットがあるのでしょうか？

プライベートチェーンは、パブリック型であるビットコイン・ブロックチェーンのしくみを変え、管理可能にしたものです。ネットワーク参加のために、管理者の許可が必要になります。つまり、参加している**ノードには共通の認識・目的がある**ことになります。これが、プライベートチェーンの最大の特徴で、これにより、**処理速度**が大きく変わります。パブリック型の合意形成のしくみであるPoWでは、1つの処理が完了するまでに約10分を要していました。これは、不特定多数のノードがマイニングを行い、完了するまでに必要不可欠な時間でしたが、共通認識を持つノードによるプライベートチェーンでは、迅速に完了に至ることができます。また、合意形成の方法自体も、処理決定権を持つノードが存在する「PBFT」（Sec.027参照）といった、PoWなどとは異なる方法が採用、または検討されています。

プライベートチェーンの特徴は、「**従来の社会構造になじむようにカスタマイズしたブロックチェーン**」とまとめることができるでしょう。

管理者による許可が必要なブロックチェーン

パブリック型

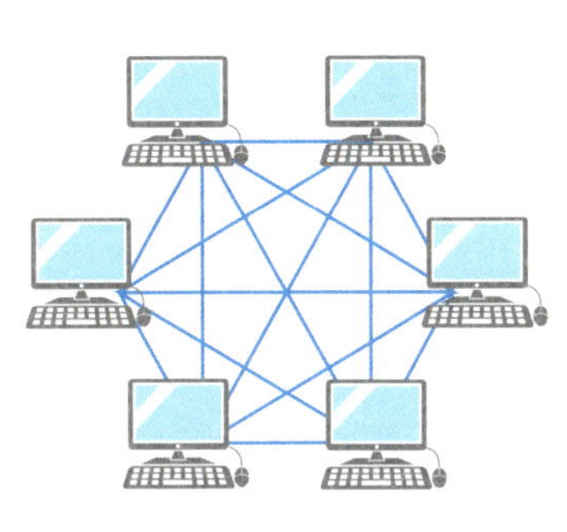

・誰もが参加可能
・共通意識はなくてもよい

プライベート型

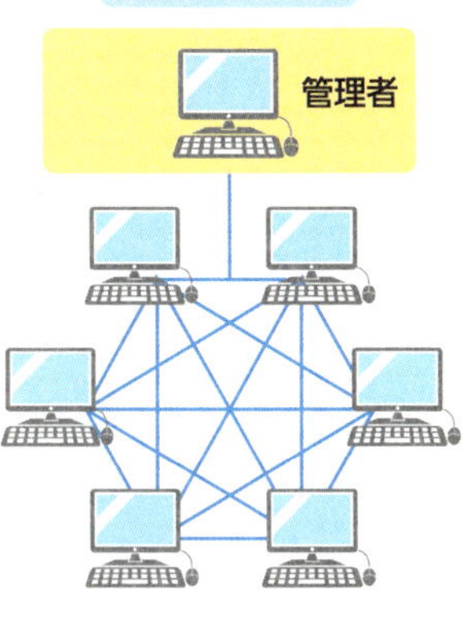

・許可された者だけが参加
・共通意識がある

▲プライベートチェーンには管理者がいる。つまり、中央集権下で分散ネットワークを築くためのしくみだといえる。

パブリック型と比べてメリットも多い

プライベートチェーンのメリット

・管理者がネットワークの統率を図れる。

・統率が図れることにより、合意のルールを緩和しているので速くなっている。

▲ブロックチェーンの他分野への応用を見据え、考案されたプライベートチェーン。そのメリットから、銀行などの金融機関で採用が検討されている。

024
契約を自動化する「スマートコントラクト」

ブロックチェーン技術の応用を現実化する機能とは

ブロックチェーンは多分野に応用できると期待されながらも、加速度的に導入事例が増えているわけではありません。なぜかといえば、実際に活用できるという懸念が残るからです。しかし、ビットコイン・ブロックチェーンとは異なるパブリック型ブロックチェーン「**イーサリアム**」の登場で、その懸念は払拭されつつあります。

イーサリアムは、ヴィタリック・ブリテン氏という人物によって考案されました。ヴィタリック氏は17歳でビットコインと出会い、分散型ネットワークのしくみに魅了され、次第に研究にのめり込むようになります。当時は、ビットコイン・ブロックチェーンの応用に注目が集まりつつある時代で、ヴィタリック氏は世界中のプロジェクトを見て回るようになりました。そうして、「仮想通貨など、特定の目的だけのブロックチェーン」ではなく、「あらゆる目的に使えるブロックチェーン・プラットフォームがあればよい」ということに気付き考案したのがイーサリアムでした。つまり、はじめから応用を見据えて開発されたのがイーサリアムなのです。

その最大の特徴は、「**スマートコントラクト**」という機能が実装されていることで、イーサリアム・ブロックチェーンの可能性は未知数だともいわれています。なぜかというと、スマートコントラクトを使えば、「データ改ざんがきわめて難しいブロックチェーン上」で、あらゆるビジネスに欠かせない「**契約の自動化**」を実現できるからです。イーサリアム・ブロックチェーンは現在、送金や決済、ウェブ認証など、さまざまな分野で活用されています。

ブロックチェーン応用に向けての“真打ち”登場!

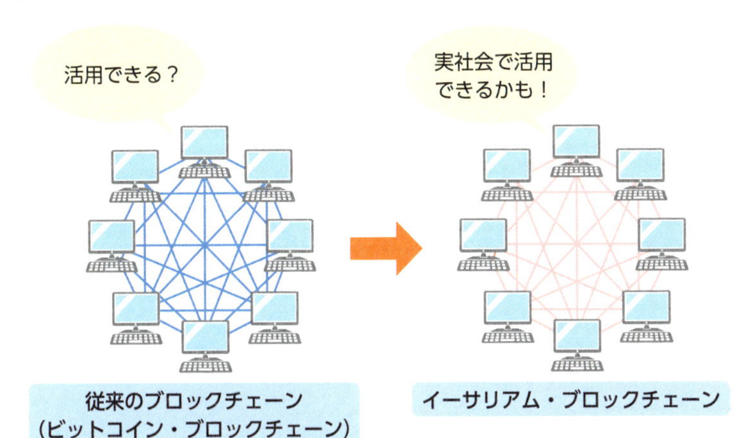

▲イーサリアムは若干23歳の天才によって開発されたブロックチェーン。「スマートコントラクト」という従来のブロックチェーンにはない機能を実装している。

スマートコントラクトを利用した保険会社の実例

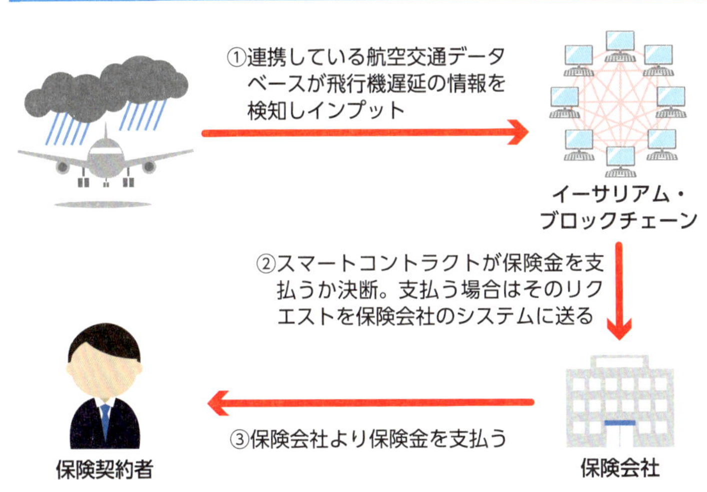

▲フランスの大手保険会社AXAでは、イーサリアム・ブロックチェーンを応用した航空遅延保険「Fizzy」の取り扱いを2017年11月に発表した。

025

複数のブロックチェーン間で取引する方法

互換性のあるチェーンを作り機能を付加することができる

ここまでで、ビットコインやイーサリアムのようなパブリック型、管理者を持つプライベート型にコンソーシアム型と、さまざまなブロックチェーンがあることがわかったと思います。このように、ブロックチェーンは現在、さまざまに派生・発展しているのです。

一方で、従来のビットコイン・ブロックチェーンについても、進化を遂げています。「サイドチェーン」はその最たる技術であり、実装により従来では不可能だった機能を持たせることができるといわれています。では、いったいどんなことが可能になるのでしょうか。

かんたんに説明すると、**サイドチェーンは「ブロックチェーンとは別のチェーンを作る」しくみ**です。2014年に著名開発者を多数有するアメリカのBlockstream社によって初めて提案されました。サイドチェーンとは、チェーンが2つできるイメージで、従来のチェーンを“メイン”、サイドチェーンを“サブ”とたとえるとわかりやすいと思います。そして、サブには何の役割があるかといえば、「**ビットコイン・ブロックチェーンの信頼性を自身のブロックチェーンで活用**」することです。つまり、**独自ブロックチェーンに従来の“よいところ”を付与できるようになる**のです。メインとは別の合意形成にすることもできます。

また、ビットコイン・ブロックチェーン自体にもメリットを持っています。従来のしくみでは、「経年による手数料の増加」、「処理までに10分のタイムラグ」、「汎用性が低い」というデメリットがありましたが、サイドチェーンにより改善できると考えられています。

サイドチェーンとは?

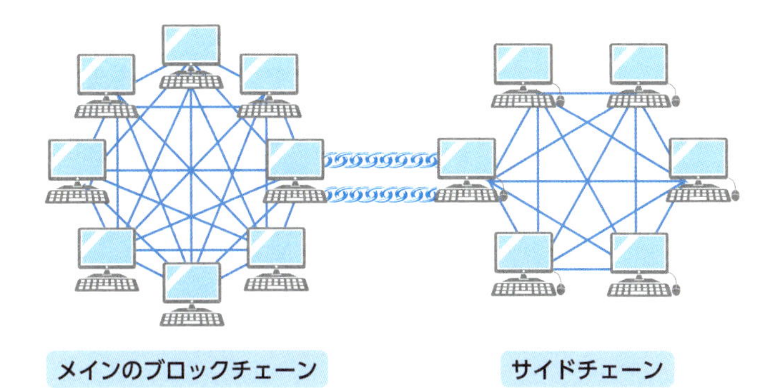

▲サイドチェーンを"紐付け"と考えればわかりやすい。高い信頼性を持つビットコイン・ブロックチェーンに別のブロックチェーンを紐付け、その恩恵に預かるしくみである。

サイドチェーンの事例

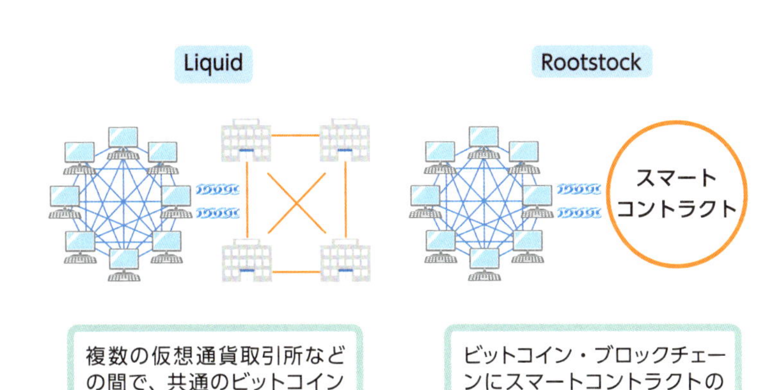

複数の仮想通貨取引所などの間で、共通のビットコイン管理場所として利用する。

ビットコイン・ブロックチェーンにスマートコントラクトのプラットフォームを導入する。

▲サイドチェーンでメインのブロックチェーンのデメリットを上手く補うことが期待できる。

026
ビットコインの「スケーラビリティ問題」

「利用者集中によるシステム遅延」を解決する技術とは

ビットコインでは現在、「取引量の増加」という大きな問題が発生しています。これの何が問題なのかといえば、日に日に増加する取引と、それを保存する「ブロックのサイズとそこに入るトランザクションの数」が釣り合わなくなっているのです。それゆえ送金手数料が上昇し、さらに送金リクエストが処理されない“未確認トランザクション”も2017年末には20万件超となり、大きなニュースとなりました。これを「**スケーラビリティ問題**」といいます。スケーラビリティ問題をかんたんにいえば、「利用者の集中によるデータ量の増大」です。では、これを改善する方法はあるのでしょうか？

その解決策として注目されている技術が「**Segwit（セグウィット）**」です。Segwitとは、ブロック内に含まれている署名や公開鍵などの情報を、まったく別の新しいデータ領域（witness）に分離、格納することで、その分、ブロック内に入る取引容量が増やせるという方法です。Segwitはソフトウェアの一部変更(ソフトフォーク)で可能となり、過去のデータとの互換性を保つことができます。

また、ビットコイン・ブロックチェーンのブロック容量の上限が1MBしかないことが理由で送金の遅延などが発生しているため、ブロック容量自体を8MBにする変更（ハードフォーク）が2017年8月に実施されました。これにより誕生した仮想通貨が、**ビットコインキャッシュ**です。ビットコインキャッシュは2018年5月にもブロックサイズの変更を行う予定で、実施されると1ブロックあたりのデータ容量の上限が32MBへと拡張されます。

懸念されるビットコインのゆくえ

日に日に増加する取引量

処理しきれない取引データの蓄積

未処理データの増加、取引の遅延

▲取引量の増大が、ブロックチェーンの容量不足を招き、取引処理が追いつかなくなっている。

「Segwit（セグウィット）」と「ビットコインキャッシュ」

Segwit

ブロック

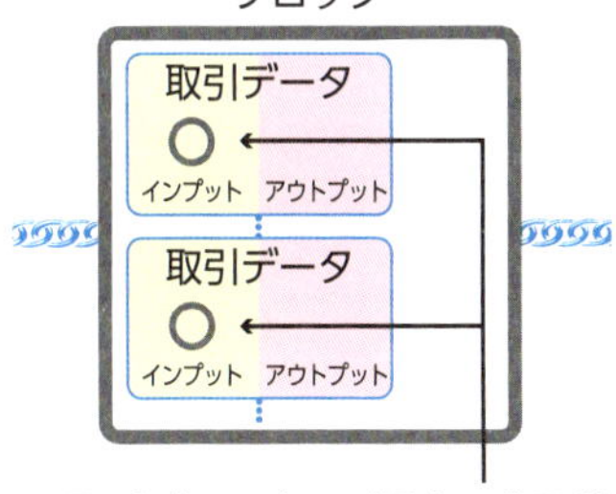

取引データ内の「署名や公開鍵などの情報」を取り出して分離

必要データ以外の管理をブロックチェーン内で行い、その分のデータ容量枠を使えるようにする「Segwit」。

ビットコインキャッシュ

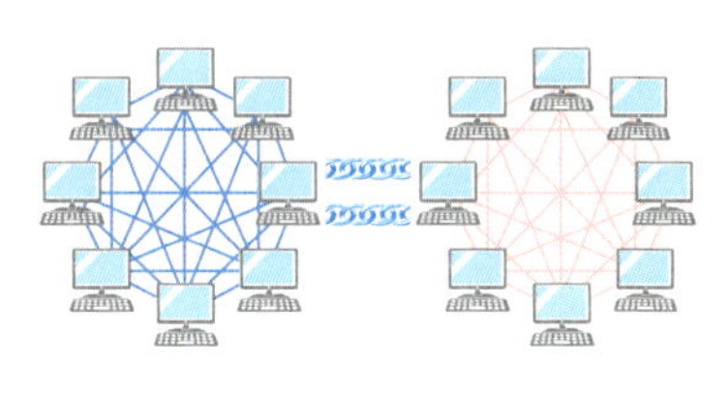

ビットコインよりも１ブロックのデータ量の上限を大きくし、スケーラビリティ問題の解決を目指す「ビットコインキャッシュ」。

▲どちらも、ビットコイン流通を安定させ促すためのしくみだが、ビットコインは利用者もノードも対等であるため、利用者のニーズだけでは導入が難しい。コア開発者やノード間でも導入の是非が分かれる。

027

決済完了を確認できない「ファイナリティ問題」

ブロックチェーンでは安定した決済が難しい?

Sec.015では、ブロックチェーン2.0の技術の移り変わりを紹介しましたが、もう1つ大きな進展があります。「金融決済システムへの応用」であり、金融業界にブロックチェーンのしくみを導入することです。メガバンクで検討が行われていますが、本格導入が始まれば既存とは異なる銀行システムが誕生するといわれています。しかし、導入までには、まだいくつかの壁があります。

「**ファイナリティ問題**」はその最たるものです。"ファイナリティ"とは、金融業界でよく使われる言葉で、「**決済の確定**」を指します。リクエスト通りの金額が確実に得られる、つまり、「いつでも安定した決済が行われるシステム」でなければならないということで、ここにブロックチェーン導入の課題があります。PoWのしくみを使うブロックチェーンのファイナリティは、確定ではなく、"事実上"です。どういうことか、ビットコインを例に解説しましょう。ビットコインの決済は、マイニングによって作成された6個のブロックが承認されることで確定になります。承認が6回行われれば、取引データが覆ることは"ほぼゼロ"に等しくなるからです。ここで注目すべきが「ほぼゼロに等しい」ということで、確率はゼロではありません。これを「**確率的ビザンチン合意**」ともいいますが、この少しでもリクスを残す状態に金融機関は懸念を持っているのです。

この確率性を排除しつつ、かつブロックチェーンの分散管理メリットを得るため、現在「PBFT」や「Paxos」という合意形成のしくみが検討されています。

金融業界が二の足を踏む、ブロックチェーン導入

絶対的、確定的な取引処理ではない

▲競争性、衆目監視により行われている従来のブロックチェーンの合意（取引処理）は、事実上の確定。つまり、絶対的な確定ではない。ここに金融業界の懸念がある。

PoWに代わる合意形成「PBFT」とは

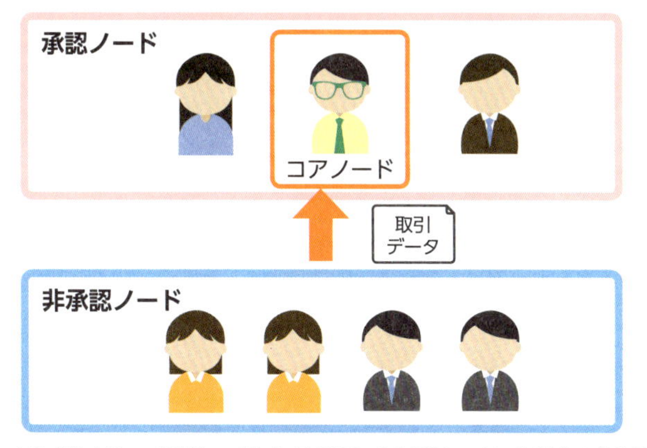

▲ブロック作成権を持つ「承認ノード」と、取引データを承認ノードに転送する「非承認ノード」に分かれる。取引データはコアノードのみが受け取り、承認ノードに転送、改ざんされていないかを確認し、ブロックを作成する。

028

ブロックチェーンの「匿名性」を強化する方法

「プライベートセンド」や「CryptoNight」技術で匿名性を高める

前節のように、ブロックチェーンは日々カスタマイズの検討と研究開発が行われています。仮想通貨においても同様で、とくに大きな発展が「匿名性」です。Sec.011の**ゼロ知識証明**技術を採用した「**Zcash**」のように、匿名性を高めた仮想通貨を「匿名性暗号通貨」と呼びます。ほかにも「DASH（ダッシュ）」、「Monero（モネロ）」という種類があるので、それぞれの特徴を紹介しましょう。

DASHは従来のPoWに加え「マスターノード」というしくみを追加し、二重構造の合意形成で決済が行われます。これにより約10分かかっていた決済を、約4秒で完了することができます。匿名性については、「**プライベートセンド**」というしくみが最大の特徴です。すべての取引データは、いったん「マスターノード」のもとに集められます。そして、1つにまとめられ、ノードに再分配されます。この集約と分配により、送金元と受取元をわからないようにしています。

Moneroは、その特徴自体が「強固な匿名性」を持つ暗号通貨です。PoWのブロックチェーンに電子署名に関する「**CryptoNight**（クリプトナイト）」という独自技術を追加しています。そのしくみをかんたんにいえば「取引情報の分解」です。たとえばAさんはBさんに100XMR（モネロの通貨名称）を送るとします。すると、ブロックチェーン上で、「20 XMR」、「30 XMR」、「50 XMR」のように分けられ、さらにこの取引とは異なるCさんの送金情報も同様に分解されてAさんの情報とまとめられます。これにより、ブロックを作るマイナーも「情報の送信元」を把握することはできません。

匿名性を秘めた「匿名性暗号通貨」の登場

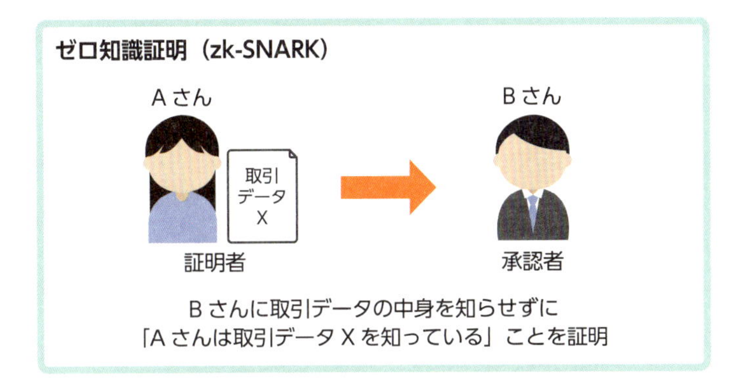

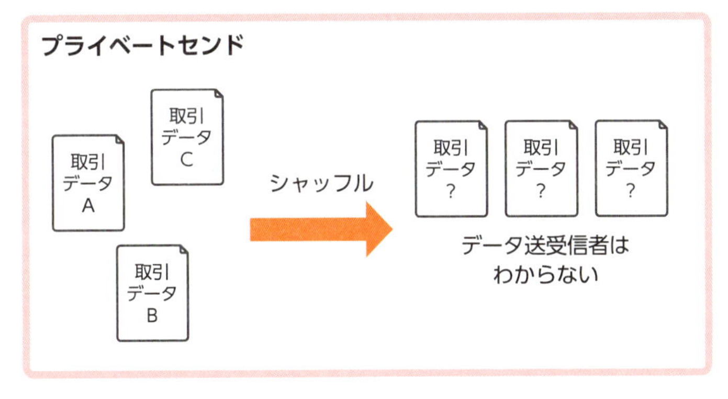

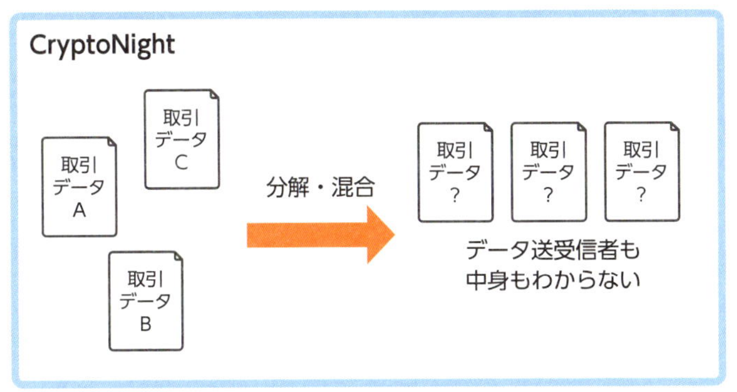

▲仮想通貨では匿名性を高めるため、さまざまな技術が導入されている。

029

ブロックチェーンが分裂する「フォーク」

ブロックチェーンが分裂するってどういうこと?

2017年8月、ビットコインのブロックチェーンが分裂し、「ビットコインの信頼性がゆらぐほどの大問題では」と話題になりました。

ブロックチェーンの分裂を「**フォーク**」といいます。フォークには２種類があり、１つは「ブロックチェーンのカスタマイズ」であり、「効果がなければもとに戻せる」特徴がある**ソフトフォーク**です。そしてもう１つは「完全なアップデート」で、実行すれば「互換性のない２本のチェーンが誕生」し、もとの状態に戻すことはできない**ハードフォーク**です。フォークを行う主な理由としては、**仕様の変更**や、Sec.026で触れた**スケーラビリティ問題**などがあります。

ビットコインの取引がブロックに入るには、平均10分を要します。これは、マイナーがマイニングを行う必要な時間であると同時に、PoWの限界を指しています。つまり、取引量が増え、処理が追いつかなくなっていたのです。そこで、ビットコインの開発者たちは10分間にさばける取引量を増やす方法を考案しました。その１つに、「Segwit」(Sec.026参照)を実施して、1ブロックあたりのデータ容量を拡張するというものがあります。

しかし、このSegwitを実施するという提案に、一部のマイナーからは反発が起こりました。なぜなら、Segwitを導入すると、今までノードとして利用していたコンピューターを引き続きマイニングで使用することができなくなるといった可能性があったからです。そのような事情もあり、このフォークの問題は今もなお、続いています。

ハードフォークで生成されたブロックは互換性がない

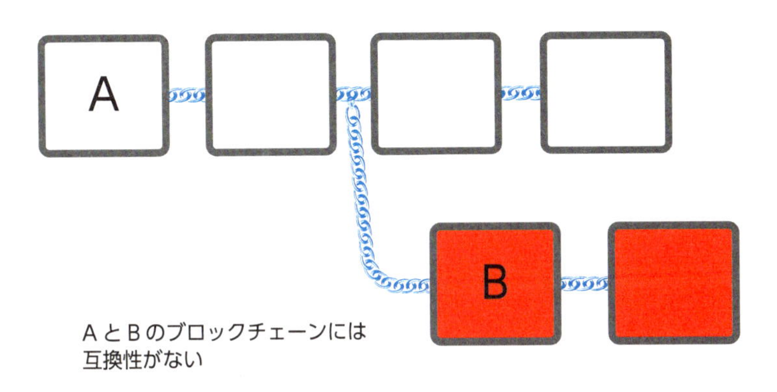

▲フォークは従来のブロックチェーン問題の改善などを目指し行われる。ハードフォークはそれまでの使用を“捨て”て、新しいチェーン体系を構築する。

ソフトフォークで生成されたブロックは互換性がある

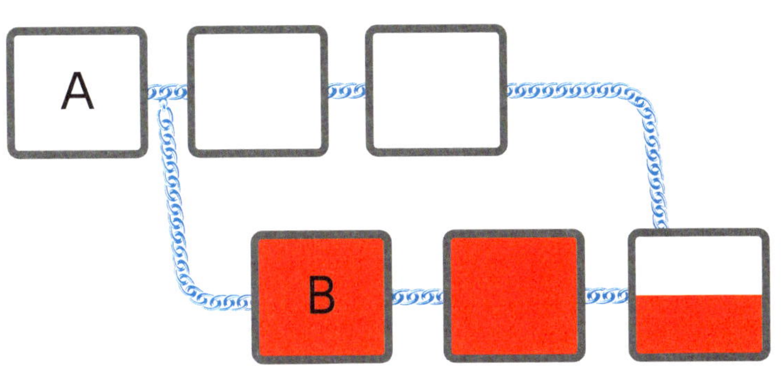

▲ハードフォークが「仕様の一新」なら、ソフトフォークは「アップデート」といえる。

030

ブロックチェーンのセキュリティ問題

P2Pネットワークでは打つ手なしの「51%攻撃」

ブロックチェーンのネットワークを支えるのが「P2P」というしくみです。**P2P**とはPeer to Peerのことで、Peerとは、「対等の人」という意味を持ちます。つまり、ノードもマイナーも「対等な人たちによる集まり」です。これまで、たびたび記してきたブロックチェーンの“第三者機関不在”は、この環境に端を発します。

同等のP2Pネットワークには、代表者もいません。そこにブロックチェーンのセキュリティの強さがあり、権力者がネットワークを支配することはありえませんし、特定の人の決定で方向性が変わることもありません。しかし、P2Pには弱点もあります。それはSec.014で触れた「51%攻撃」です。

51%攻撃は、「ネットワークの過半数以上の参加者が、マイニングを独占する状態」で、問題は「強者」による独占にあります。どういうことかといえば、現在ビットコインのマイニングは取引量の増加によって熾烈な競争性を帯び、「極めて高スペックなコンピューターと膨大な設備を持つマイナー」のみがマイニング、ブロックの作成を担当しています。もし、今後このマイナーが結託して過半数を占めたら？　また悪意を持ちマイニングをしたら？　ブロックチェーンの信頼性は失われることになるでしょう。51%を独占するためには、今よりももっと巨大な設備が必要だとされています。しかし、ブロックチェーンが今までにない技術であることを考えれば、51%攻撃が発生しないとも限りません。そして、この対策は、今のところないといわれています。

悪意の51％がブロックチェーンを脅かす

P2Pはどのマイナーも対等な関係

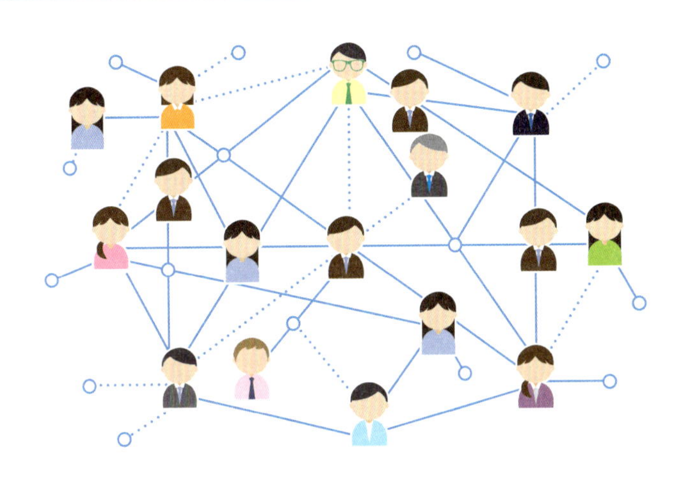

ネットワークの過半数が結託し悪意を持つと…

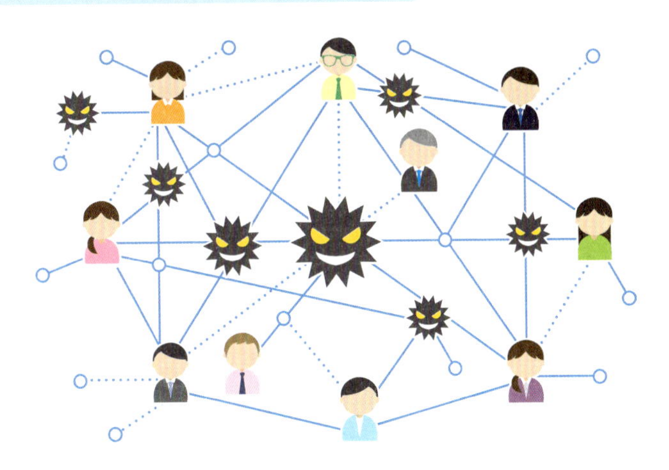

▲マイニングはそれぞれ処理能力の異なるマイナーの競争によって成り立つ。しかし、実際は寡占化し、不正取引や二重払いが発生する可能性がある。

031

ブロックチェーンの法整備はどうなっているの?

アメリカでは証拠採用に認める関連法案が提出されている

ブロックチェーンは、信用を担保し決定を行う第三者機関を必要としない取引を実現させるための技術です。この第三者不在を「トラストレス」といいます。しかし、仮想通貨の普及はもちろん、あらゆる産業への応用を考えた場合、法整備が欠かせない問題になるのは明らかです。ブロックチェーンを活用したサービスの法整備については、現在積極的に議論されています。

まず、多くの方が気になるのは「ブロックチェーン上のデータは証拠になり得るか否か?」ではないでしょうか。何かのトラブルが発生して、ブロックチェーン・データが重要な証拠になるとします。そのとき、裁判で証拠として認められるかということです。これについては、すでにアメリカで法整備が進んでいて、米・バーモント州では、「ブロックチェーン上のデータは真実である」とし、**「法廷においても証拠とすべき」という法案**が2016年に提出されました。また、2018年1月には米・フロリダ州で、**「ブロックチェーンのスマートコントラクトを正式な法的書類だと認める」という法案**も提出されています。

さて、一方の日本はというと、このような法案はまだありませんが、日本の民事訴訟では「何でも証拠になり得る」とされています。つまり、もとからブロックチェーン・データも証拠になり得るのです。しかし、当の裁判官がブロックチェーン・データを「改ざんされないもの」と認識しているわけではないので、「なぜ、ブロックチェーンには正当性があるのか」を説明しなければいけません。

アメリカでは法整備間近!?

米・バーモント州

「ブロックチェーン上のデータは真実として扱うべき」という法案が 2016 年に提出される。

米・フロリダ州

「スマートコントラクトを正式な法的書類だと認める」という法案が 2018 年に提出される。

日本では…

「民事訴訟においては、何でも証拠になり得る」つまり、今後ブロックチェーン上の情報が証拠と認められる可能性も。

▲日本の民事訴訟では、「何でも証拠になり得る」と考えられていることから、ブロックチェーンが確たる証拠になることは十分考えられる。しかし、ブロックチェーンの情報がどうして正確なのか、裁判官に説明しなければならない。

Column

ブロックチェーンの国際標準に向けた動き

国境を越えてネットワークを作り、サービスを提供・利用できるブロックチェーンは今、国際標準化が進んでいます。

これまで、世界中の多くの企業や団体がブロックチェーンの研究や情報収集、そして活用に向けた実証実験を行ってきました。そこで得られた気付きやノウハウなどが蓄積される一方、まだ発展途上の技術であるため「このしくみはブロックチェーンに該当するか否か」という議論も活発に行われてきたのです。そして、「国際標準化」の機運が高まっていきました。

2016年4月、オーストラリアは、スイスに本部を置くISO（国際標準化機構）に「ブロックチェーンの国際標準化をプロジェクトにした委員会の設置」の提案を行い、同年9月に採択されて専門委員会が立ち上がりました。この動向に合わせ、日本でも、さまざまな取り組みが行われてきました。JISC（日本工業標準調査会）による国内審議団体の設置、JIPDEC（一般財団法人日本情報経済社会推進協会）とブロックチェーンに関連のある団体・企業の連携による事務局の設置、さらに当団体とブロックチェーンの実証実験を行った企業、有識者による議論などから、標準化を進めています。

今までにない技術のブロックチェーンですが、現在このような世界規模での議論により、次世代の安全・高信頼、さらに普遍的な技術として確立されようとしています。そして、国際標準化が実現すれば、まったく新しいサービスが続々と登場してくることでしょう。

Chapter 3

今すぐ挑戦!
ブロックチェーンを導入しよう

032

ブロックチェーンのビジネスモデル

金融からクリエイティブまで応用シーンは広がる

ここまでの解説で、ブロックチェーンが世の中に大きなインパクトを与えることがわかったと思います。長きにわたり当たり前だと思っていた中央集権の社会構造を一変させる可能性を秘めているのです。では、実際のビジネスでブロックチェーンを活用した場合、どのようなメリットがあるのでしょうか？

ブロックチェーンが既存ビジネスに与えるメリットは「**効率化・コストカット**」が最たるものだといわれています。金融機関を例にすると、お金を借りたい顧客が信頼に値するか否かの「**与信**」は多くの人手と工程を必要としていました。しかも、それほどの労力を費やしても正しい結果になるとはいえませんでした。ところが、その与信にブロックチェーンを活用すると、過去の取引をすべて記録でき確認できることから、瞬時判断が可能でかつ精度の向上も大幅に期待できます。つまり、これまで与信に割いてきた人材コスト、時間を削減できるのです。

また、ブロックチェーンは「**クリエイター活動**」にも大いに期待が寄せられています。1つは、プラットフォームによる「中抜きモデル」の是正で、既存の手数料や登録料を搾取されずにクリエイターがビジネスを行えるようになると考えられています。また、ブロックチェーンの改ざん不可のしくみにより、「著作権」の主張が容易になるのも大きな魅力でしょう。これまで企業や団体などに委ねていた作品の権利をブロックチェーンで管理することで、そのためのコストを削減することも可能になるとされています。

銀行の与信がブロックチェーンで変わる?

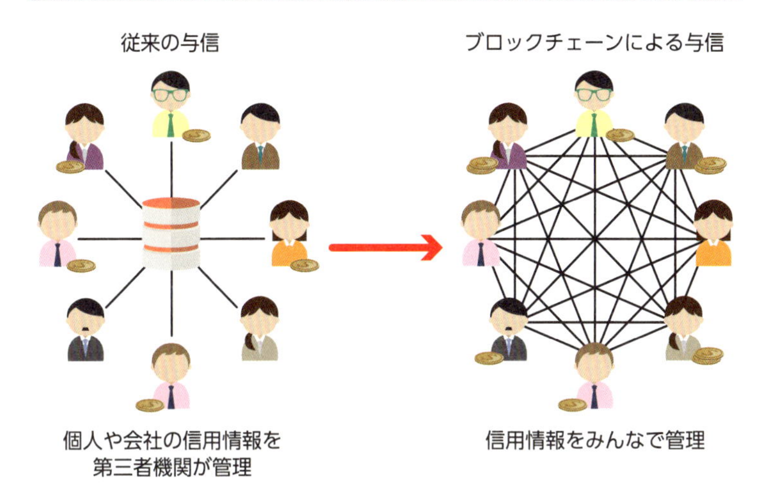

▲データ改ざんが事実上不可能といわれているブロックチェーンを金融に応用することで、より効率的な与信が可能であり、リスクも回避できるといわれている。

クリエイターが中間搾取されず活動が可能に?

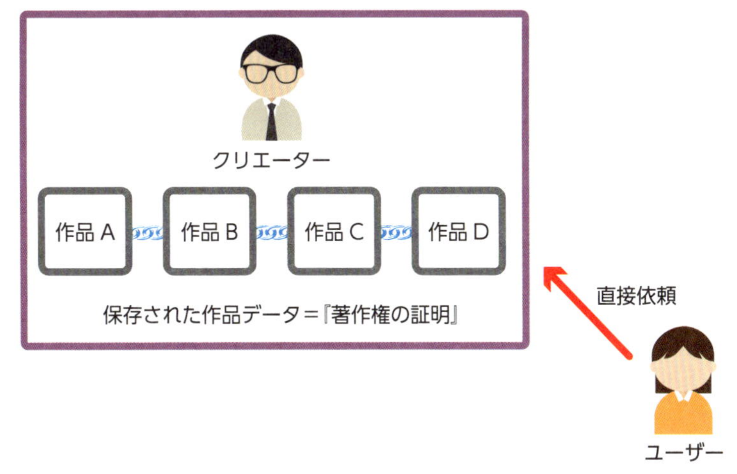

▲ブロックチェーンは著作権の証明・保護にも使える。そして、そのネットワークはクリエイターとユーザーを結ぶ、プラットフォームになる可能性がある。

033

ブロックチェーンを利用する方法は?

既存のブロックチェーン・オープンソースを活用する

実際にブロックチェーンを利用したいという方も少なくないと思います。ブロックチェーンの利用には2種類の方法があります。「自分でブロックチェーンを構築させる方法」と「既存ブロックチェーンを活用する方法」です。ただ、ブロックチェーン構築には、プログラム言語「Python（パイソン）」などの知識が必要なので、ここでは既存ブロックチェーンの活用について説明していきましょう。

まず必要なことは、「**ブロックチェーン・オープンソース探し**」です。これは「GMOブロックチェーン・オープンソース」など、日本国内の企業が提供するものもあるので、かんたんに見つかると思います（P.156参照）。これを活用することで、開発の知識がなくてもブロックチェーンを利用でき、さらにSec.007で触れた独自通貨（トークン）の発行・運営も、**専用サーバを構築することなく**はじめられます。このように、ブロックチェーンの技術を深く理解していなくても、利用できる環境が広く整いつつあります。

ブロックチェーンを手軽に利用できることはわかったものの、気になるのが「何に使えばいいのか？」ということだと思います。たとえば、独自トークンを使った利用法で主流なのは、双方向に流通するお金として設計されている「**アプリ内通貨**」などがあります。また、昨今ブームになっているのが独自トークン発行によるICOです。ICOは企業上場のIPOに代わる新しい資金調達の方法であり、独自トークンをICOさせると、仮想通貨による資金調達を行うことができます（Sec.051参照）。

広がりつつあるブロックチェーンの利用シーン

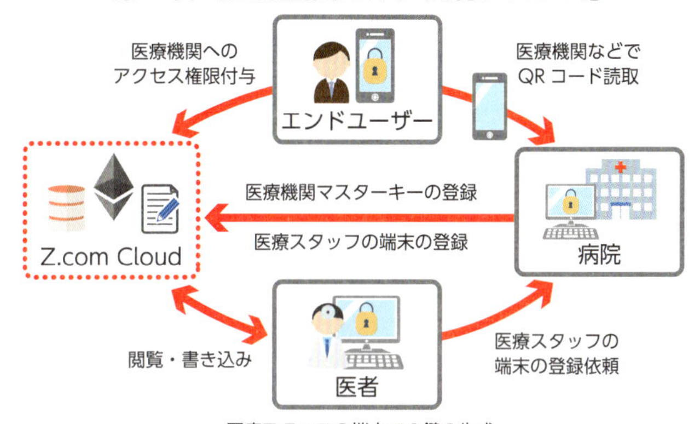

▲国内ITベンダーによる大々的なブロックチェーンプロジェクト。ブロックチェーン自体には価値がない。「どこにどう利用するか」が普及の鍵であり、そこにベンダーが道筋を立てたプロジェクトといえる（https://guide.blockchain.z.com/ja/docs/oss/medical-record/）。

独自トークンを作れるアプリ「IndieSquare」

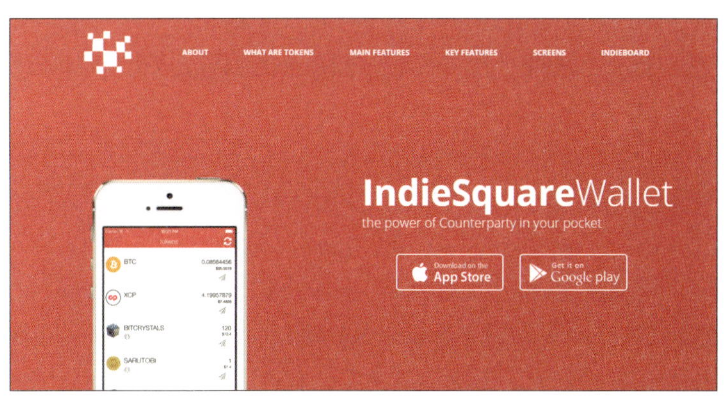

▲「IndieSquare」（https://wallet.indiesquare.me/）
少額のビットコインや仮想通貨「XCP」の購入をしておき、IndieSquareのアプリを使えば、かんたんに独自トークンが発行できる。

034
ブロックチェーン導入に必要な人材は？

エンジニアのほか、マーケッターやサービスデザイナーも

近い将来、もしかすると、情報システム部のように、企業ごとに“ブロックチェーン部”が設立される日がやってくるかもしれません。そうなると、求められる人材も変わりそうですが、いったいブロックチェーン部にはどんな人材が必要になるのでしょうか？

現状からいえば、未知数の可能性を持つブロックチェーンゆえ、技術に携わるエンジニア以外、求められる人材も断定できません。しかし、あえていえば**「マーケッター」は不可欠**だといえます。

たとえば、ビットコインのユーザーメリットは「地球の裏側まですぐに送金できる」ことです。なぜ、それがメリットかといえば、送金までに長時間かかっていた国際送金のデメリットがあったからだといえます。ここから、ブロックチェーンの導入とサービス構築を考えた場合、必要なのは「**既存サービスのデメリットの把握**」です。つまり、**ブロックチェーンの価値を提案**できるマーケッターの存在が重要になるのです。

さらに、**サービスをどう提供するかを練る「デザイナー」の存在**も重要視されていきそうです。仮想通貨サービスのデザインを従来のウェブサービスと比べた場合、まだまだ誰もが扱いやすいものであるとはいえません。ここから、今後はより「ユーザービリティのあるデザイン」になっていくと予想できますが、そこに欠かせないのがデザイナーの存在だからです。このように、ブロックチェーンが普及期に入るためには、さまざまな人材がブロックチェーンに関わることが必要だといえます。

既存サービスのデメリットをリサーチせよ!

ブロックチェーン導入のメリット

・分散ネットワークによる
コスト削減

・データを改ざんできない
しくみによる安全性

サービスA　サービスB　サービスC

どのサービスに導入すべき？

▲目的がなければ、技術はそもそも必要ない。そして、新しい技術であるブロックチェーンを活用するその目的は、未だ検討段階だといえる。それゆえ、新しいサービスの提案と普及を行うマッケッターの存在が重要になってくる。

ブロックチェーンの普及に必須のデザイン

ブロックチェーンの導入が進めば、
次に求められるのはサービスのデザイン！

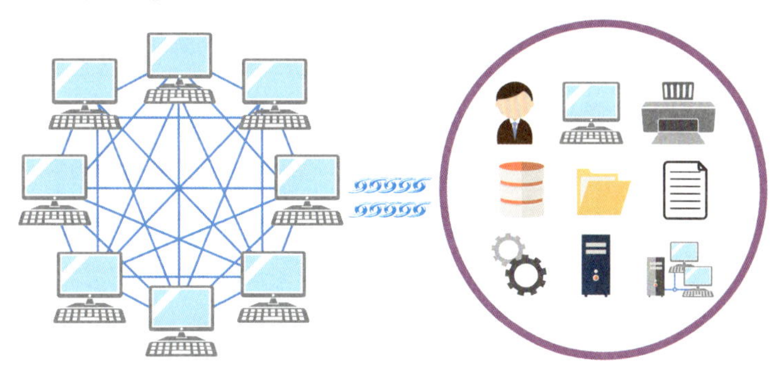

▲コンシューマ領域のサービスにも応用できることを考えれば、ブロックチェーン・サービスでは、今の仮想通貨業界がそうであるように、ユーザーにやさしいデザインも欠かせなくなるだろう。

035

ビットコイン上で独自通貨（トークン）を作る

通貨にかわる「自分の価値」を発行できる時代が到来

ビットコインやブロックチェーンが世の中に与えたインパクトは、「第三者機関不在による自律分散型システム」であること、そしてもう1つが「**通貨以外の価値の可視化**」です。Sec.007で紹介した独自通貨（トークン）がそれにあたります。

独自トークンを発行すれば、誰でも仮想通貨を流通させることが可能で、このトークンを「**カラードコイン**」と呼んでいます。ただ、ここで注意が必要なのが、“コイン”という言葉を用いているものの、カラードコインはコインではないことです。少し複雑なお話になりますが、わかりやすく説明してみましょう。

まず、仮想通貨の世界には「アルトコイン」というものがあります。「ビットコイン」以外の“仮想通貨の総称”で、「イーサリアム」や「リップル」などが有名ですが、世界中には1,100種類以上ものコインが存在しているといわれています。そして、これらはビットコイン・ブロックチェーンをベースにしているものもありますが、ビットコインとの互換性はありません。一方、カラードコインは「ビットコイン上」で運用されていて、**「ビットコインのセキュリティや価値をベースに新たな価値を流通させる」ことが可能**です。つまり、自分の資産をビットコイン上で運用できるものなのです。

カラードコインはブロックチェーン2.0で誕生したプラットフォーム・プロジェクトであり、現在「Counterparty（カウンターパーティ）」や「Open Assets Protocol」、「Omni（オムニ）」など、複数のプラットフォームが存在しています。

資産取引の形を変えるカラードコイン

Open Assets Protocol

トランザクション・データのなかに別の情報を追加させることで、
資産などを表現する。

Colu

Open Assets Protocol と似たしくみ。
Colu が提供するアプリケーション利用することで、
チケットや鍵などの管理をトランザクションから送信できるようになる。

▲ほかにも「CoinSpark」など、世界には複数のプロジェクトが存在する。ビットコイン・ブロックチェーンを資産取引に活用する動きは、今後も活性化していくことだろう。

カラードコインのしくみ

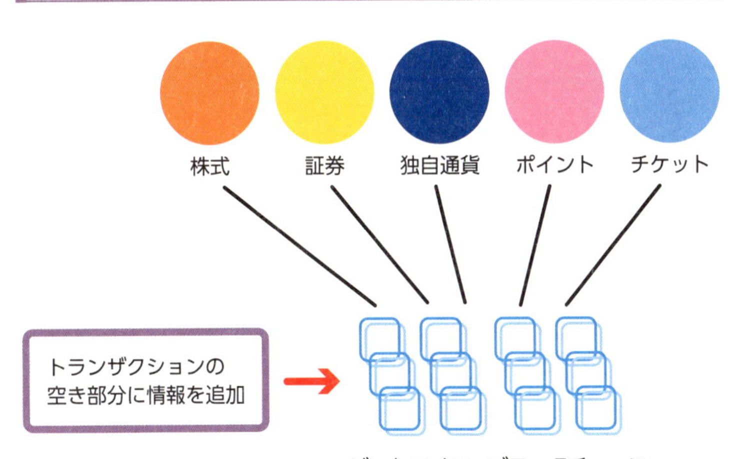

さまざまな資産をブロックチェーン上で取引できる

▲Counterpartyなどのプラットフォームを活用すれば、ブロックチェーンの信用を資産取引に付与することができる。つまり、データ改ざんが難しい安全なサービスを提供することも可能だ。

036

社内システムに
ブロックチェーンを導入する

システムの導入は、今か？　まだ早いのか？

実際に既存システムからブロックチェーンへの置き換えを考えた場合、果たしてスムーズに導入することができるのでしょうか？

大規模なITシステムを構築している企業の場合、すべてをブロックチェーンに一新するのはまだデメリットが大きいといえます。ブロックチェーンは確かに、安全性が高く、かつ従来のようなサーバー導入やメンテナンスコストの必要がないので魅力的ですが、すべてのシステムの移行を考えると、逆に**コストが膨大**になる可能性もあります。また、導入に伴い**社内体制・環境の再編の検討が必要**になることから、既存体制からの反発や抵抗も想定されます。すでに広範囲のシステムを組んでいる企業が「効率化・コスト削減」を目指して導入する場合は、熟慮が必要だといえます。

一方、**ITシステムを構築していない、または新規でサービスを提供したい場合のブロックチェーン導入にはメリットを期待**することができます。上述した安価なコストで導入でき、かつ既存システムの大幅な変更もなく、新しい環境の構築と先端のサービスの提供を行うことができます。さらに、昨今注目されているのが「中小企業の導入」です。ブロックチェーンを活用すれば、これまで、大きな事業コストとなっていた仲介業者の中間マージン支払いを回避できたり、専用端末を使わない電子クーポンの発行なども実現できます。とはいえ、パブリックチェーンの利用にはトランザクション手数料がかかるので、独自チェーンの起ち上げにはそれなりにコストは発生することも考慮しましょう。

既存システムの規模で検討が必要

大規模なITシステムの場合

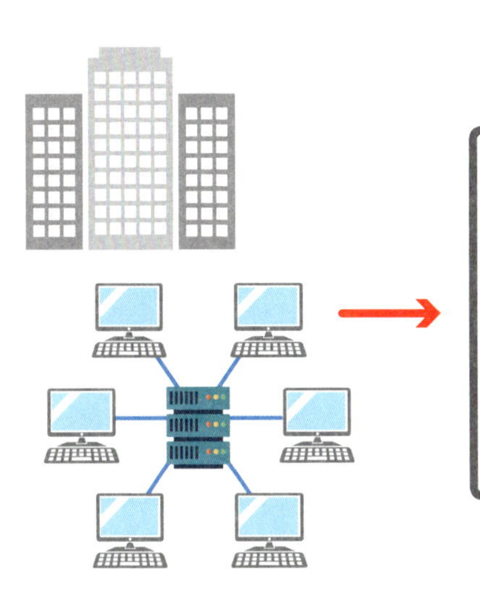

システム保守の仲介業者コスト、業務効率化に伴う人材コストなどの削減から、大きくコストダウンが望める。

一方、大規模な置き換えから、費用対効果を考えれば有用とはいえない懸念も出てくる。

小規模、IT化が進んでない場合

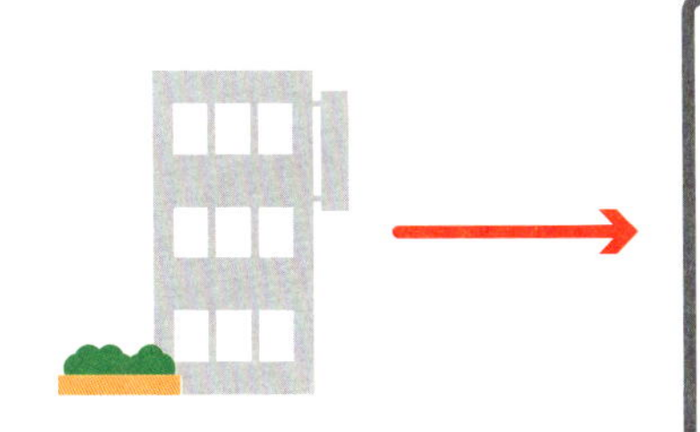

社内基盤としてブロックチェーンを導入できる。

中間マージンなどのコストを抑え、ブロックチェーンを活用した新サービスを考案できる。

▲現在では、ブロックチェーン導入の効果については未知数。メリットの大きさがフォーカスされるが、既存ITシステムの依存度次第で結果は異なると推測される。

037

「スマートコントラクト」が商習慣を変える!

スマートコントラクトって、何がすごいの?

現在、ブロックチェーンで注目されている機能が、イーサリアム・ブロックチェーンに実装されている機能「**スマートコントラクト**」です。これにより、ブロックチェーンはさまざまな分野に応用できると大いに期待を集めています。和訳すれば、“賢い契約”という意味ですが、いったいどんな機能なのでしょうか?

まずスマートコントラクトの概念は、ブロックチェーンから生まれたものではなく、それ以前からあります。提唱したのは**ニック・サボ**氏で、アメリカの経済学者であり暗号研究の第一人者です。ニック・サボ氏は、スマートコントラクトを表すものとして自動販売機を例にしています。「利用者がお金を入れる」、「飲みたいジュースのボタンを押す」、すると「自動販売機からジュースが出てくる」。この流れを、「利用者と自動販売機が契約した結果」と考えると、「お金の投入とボタンの選択」は契約行為であり、この行為が行われたときのみ自動販売機はサービスを提供します。つまり、スマートコントラクト は、「**ある行為に紐付いた結果に至るまでの契約を自動化**」するためのもので、イーサリアム・ブロックチェーンにはこのしくみが備わっているのです。

そして、これによってもたらされる恩恵は計り知れません。会社や顧客間での契約は従来、多大な労力と時間が必要でした。しかし、スマートコントラクトでは、それを自動化できるのですから、大幅な効率化とコスト削減を期待できます。また、利用者にとっても、迅速にサービスを享受できる大きなメリットがあります。

スマートコントラクトは“自動販売機”？

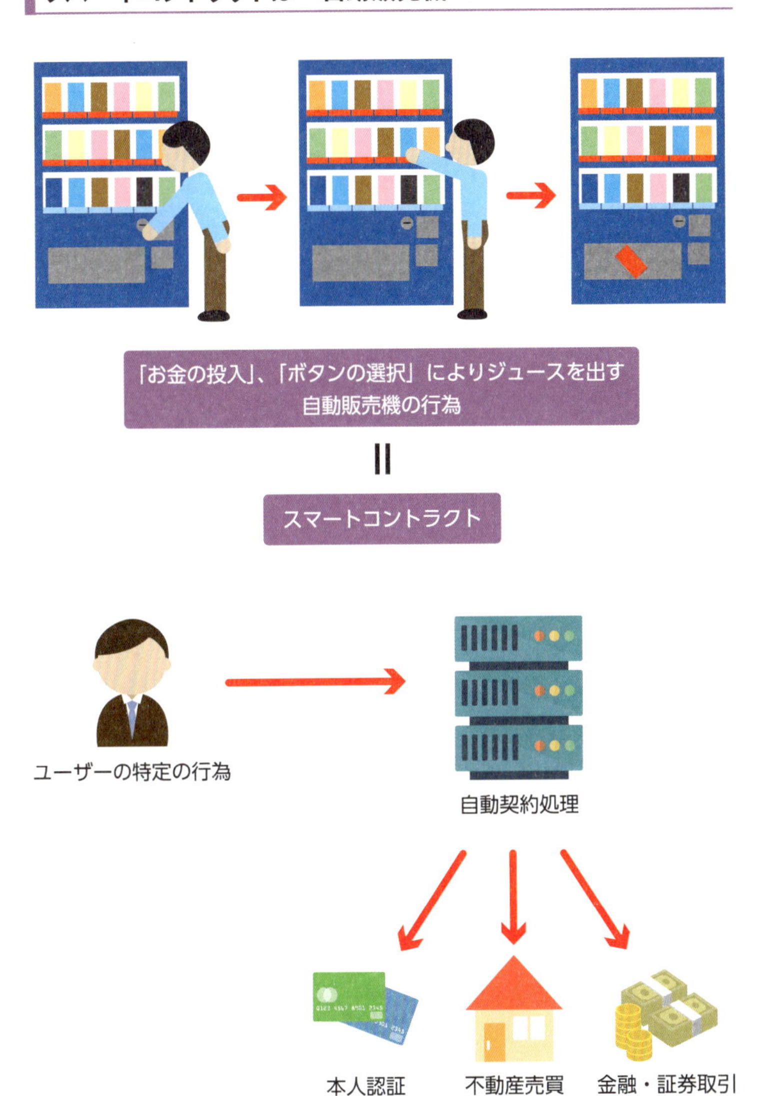

▲ブロックチェーンのデータ改ざんされないしくみとスマートコントラクトを使えば、あらゆる契約を自動化できるといわれている。

038

イーサリアム上に分散型アプリを構築するサービス

ブロックチェーンをかんたんに導入できる新サービス

前節で紹介したイーサリアムを手軽に導入できるサービスが誕生しています。それがITサービスベンダー大手のGMOグループによる「Z.com Cloud ブロックチェーン」です。

Z.com Cloud ブロックチェーンは、イーサリアム・ブロックチェーンをベースにしたPaaSサービスです。**PaaS**とは、「アプリケーションをつくるために必要なハードウェアやOS一式をインターネット経由で利用できるサービス」を指します。つまり、ブロックチェーンの知識がなくても、ブロックチェーンを活用できるのです。

ここで例として、Sec.035で触れたカラードコインについて見ていきましょう。仮にイーサリアムとZ.com Cloud ブロックチェーンそれぞれでカラードコインを発行したとします。イーサリアムでは、流通通貨である「イーサ（Ether）」で手数料が発生します。つまり「利用にはイーサの所有が必要」となります。また「記録はすべて公開される」など、用途によって複数のネックがありました。一方のZ.com Cloud ブロックチェーンでは、「サービスオーナーによる代払い」というしくみがあり、イーサを所有しなくても利用できます。また記録の公開についても、透明性が高いP2Pネットワークとクローズドのデータストアを並列させることで、アクセスコントロールできる環境を整えています。

オフィシャルサイトでは、Z.com Cloud ブロックチェーンは「**電子クーポンの発行**」「**閲覧権限の調整が必要な機密書類の管理**」「**IoTデバイスなどへのプログラム配信**」などに適するとしています。

さまざまなサービスに使える和製ブロックチェーン・サービス

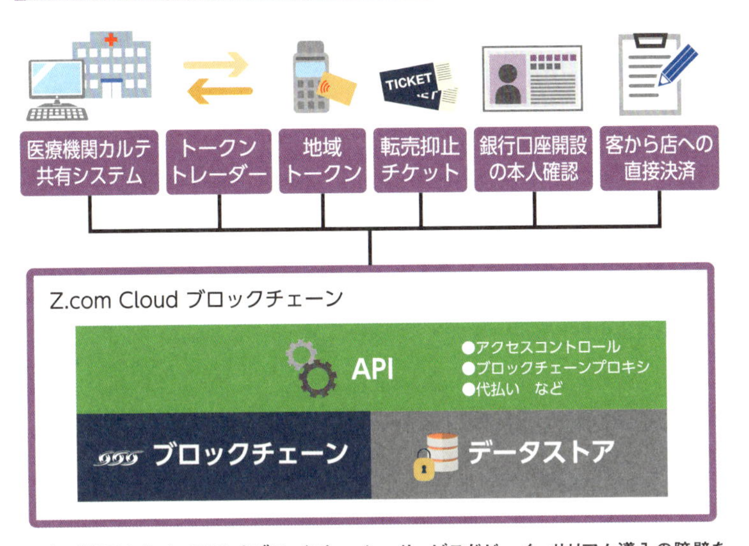

▲イーサリアムをベースにしたブロックチェーン・サービスだが、イーサリアム導入の障壁をなくし、ブロックチェーンの用途を押し広げることができる。

▲Z.com Cloudブロックチェーン
(https://cloud.z.com/jp/products/blockchain/)

039

オープンソースのブロックチェーン「Hyperledger Project」

The Linux Foundationが進めるブロックチェーン普及プロジェクト

「The Linux Foundation」という言葉に触れる機会はあまりないと思われます。しかし、Linuxではどうでしょうか？　Windowsや iOSといったOSの話題で見かける人もいることでしょう。The Linux Foundationは、そのLinuxの普及活動を行う非営利団体ですが、加えて大きな注目を集めるブロックチェーン・プロジェクト「**Hyperledger Project**」を推進しています。

Hyperledger Projectはどのようなプロジェクトかといえば、「企業への導入を想定したブロックチェーン・プロジェクト」で、たとえば金融や物流業界など、グローバル・ビジネスへの適用を見据えるものです。プロジェクトの内訳は非常に多岐にわたり、また参加企業もJ.P.モルガンやアメリカンエキスプレスなどの金融系はじめ、IBMやインテルなどのIT系、日本からは電子機器製造大手である富士通や日立製作所などが参加しています。

現在、プロジェクトのなかでアクティブ状態にあるのは「**Hyperledger Fabric**」というコンソーシアムチェーン・プラットフォームのみですが、Sec.041の「IBM Blockchain Platform」の基盤はHyperledger Fabricであり、Sec.040の「Coco Framework」にも実装できるようになっています。その機能をかんたんにいい表せば、"ブロックチェーンの種子"でしょうか。Hyperledger Fabric自体に機能があるわけでなく、金融のプログラムを追加すれば、金融業務で活用できるといった具合に、**さまざまな業界に即対応できるシームレスな環境**が用意されています。

さまざまな業界への応用を目指すブロックチェーン・プロジェクト

Hyperledger Project

日立製作所
富士通
IBM インテル
J.P. モルガン アメリカンエキスプレス

などが参加

各業界での導入を想定した
ブロックチェーン・プロジェクト

プロジェクトの１つ、Hyperledger Fabric
（オープンソースのコンソーシアムチェーン・プラットフォーム）

IBM Blockchain Platform
Coco Framework

基盤に採用・実装されている

▲世界中のさまざまな業界団体が参加するブロックチェーンプロジェクト「Hyperledger Project」。まだ「Hyperledger Fabric」以外の進捗は明らかになっていないが、プロジェクトはさまざまに進行している。ブロックチェーンを使ったビジネスの大きな火付け役になっていくかもしれない。

040

マイクロソフトのオープンフレームワーク「Coco Framework」

コンソーシアムチェーンの普及なるか?

ブロックチェーンの普及を目的にして現在、ベンダー大手各社がさまざまなブロックチェーン・サービスを発表しています。そこで、本節と次節にわたり、主なものを紹介していきましょう。

はじめに取り上げる「**Coco Framework**（ココフレームワーク）」は、2017年8月にマイクロソフトがリリースした、ブロックチェーンを支えるプラットフォームです。"Coco"とは、「コンフィデンシャル・コンソーシアム」の略称で、Sec.012で触れた「コンソーシアムチェーン」を形成するためのサービスです。

コンソーシアムチェーンをおさらいすると、「複数のパートナーを管理主体」にしたブロックチェーンですが、企業取引で導入するにはネックがありました。それがブロックチェーンの性質であるP2Pネットワークゆえの「透明性」です。仮に、ネットワークに参加している2社間だけで取引を行いたいとしても、その情報は参加企業すべてに共有されてしまいます。ここから、機密性やガバナンスが懸念視されていたのです。

Coco Frameworkは、**ブロックチェーン上に既存ネットワークとは異なる「Coco Network」を構築**します。これにより機密性が確保され、またさらにCoco Networkに参加している**メンバー企業間での取引データの共有コントロールを行うことが可能**です。企業間取引はもちろん、ブロックチェーンを活用した団体の設立、さらに企業連携にも有効であることを考えれば、大企業、中小企業問わず幅広いスケールの企業の導入が予想されます。

機密性のあるCoco Framework

これまでのコンソーシアムチェーン

Coco Framework

P2Pネットワークゆえに取引内容がブロックチェーン参加企業すべてに共有されてしまう。

Coco Framework 参加企業間のみで共有される。また、参加企業内でも取引内容の閲覧権限の管理ができる。

機密性のほかにもメリットがたくさん

外部からの改ざんを防ぐ

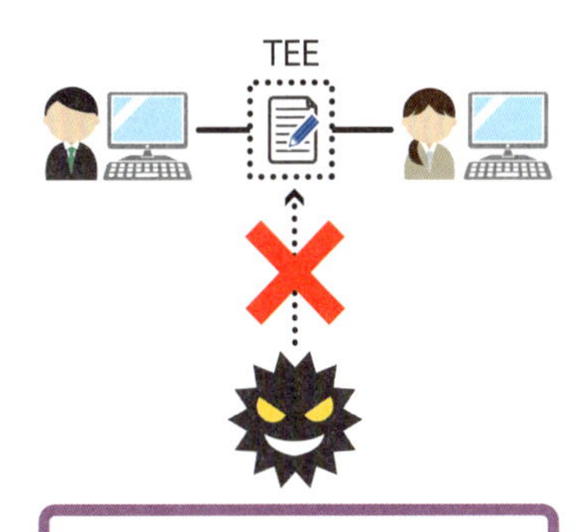

高速な取引ができる

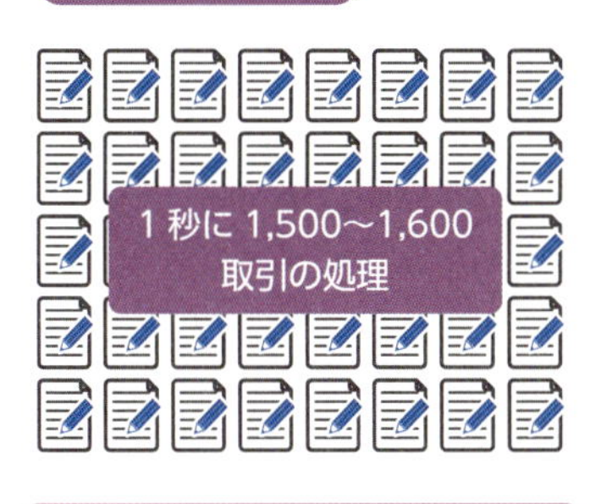

構築される TEE（参加企業のノードを保護する環境）により外部からのデータ改ざんを防ぐ。

エンタープライズ向けイーサリアムネットワーク上の実験では、毎秒 1,500 ～ 1,600 取引の処理ができた。

▲外部からのサイバー攻撃にも、内部の不正にも強いブロックチェーンのしくみだが、その透明性ゆえ、ビジネス用途では扱いづらい側面もある。その改善を目指したCoco Frameworkでは、「Coco Network」という独自のネットワークが構築されている。

041

企業のブロックチェーン構築を支援する「IBM Blockchain Platform」

電子行政のコアテクノロジーを目指すプラットフォーム

日本IBMが2017年10月にリリースしたのが、「**IBM Blockchain Platform**」です。Sec.038の「Z.com Cloud ブロックチェーン」と同じSaaS型で、また前節の「Coco Framework」のように、コンソーシアムチェーンネットワークの形成や運用支援を行います。さらに、ブロックチェーン活用のアイデアをすぐに具現化できる「Hyperledger composter」というアプリケーション開発環境も備えています。

日本IBMによれば、IBM Blockchain Platformは「世界貿易」「地方創生」「公共サービス」の3分野をサービスの主な対象にしているといいます。**世界貿易**については、さまざまな利害関係者が関わり貿易が行われているものの、業務フローに目を向ければ、情報の保管は紙ベースが主流で、作業も効率的とはいえない現状であるといいます。そこに、ブロックチェーンを応用することで、「ペーパーレス」や「管理の可視化」から大幅にコストや労力を削減できるとしています。**地方創生**では、管理主体がいる分散ネットワークの構築支援という特徴を活かし、地方発金融サービスの実現や地方公共団体の業務効率化などに寄与できるとしています。

最後の**公共サービス**では、「電子行政」のコアテクノロジーとして採用されることを想定しているといいます。省庁や業界を横断する機関システムとして機能し、従来の食品安全管理や医療情報管理、または法人や不動産登記などにおける、新しいソリューションになるとしています。

国内で展開するサービスの対象は3分野

世界貿易

ペーパーレス化　貿易進捗の可視化　データ改ざん防止

業務効率化によるビジネス創出を目指す

地方創生

地方銀行の少額取引基盤　地域通貨の交換基盤

地域活性化に貢献するしくみ作りを目指す

公共サービス

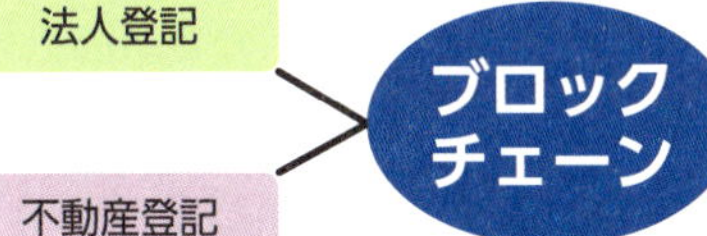

省庁・業界の横断的な業務効率化

電子行政の実現を目指す

▲ IBM Blockchain Platformでは「世界貿易」「地方創生」「公共サービス」の3分野をターゲットとしている。いずれも効率化や可視化、高セキュアといったブロックチェーンの特徴を活かすプロジェクトとなっている。

Column

「VALU騒動」は何が問題だったのか

2017年8月に発生した「VALU騒動」を覚えている方も多いと思います。人気YouTuberの数人が突如、所有していたVAをすべて売りに出し支援者に多大な損害を与えた騒動です。この騒動についての見解はさまざまですが、際たる問題点は、「支援者をサポートするしくみがなかった」ことかもしれません。

VALUは、たとえばアートや音楽などの活動をしている個人とVALUERと呼ばれる支援者、カラードコインのしくみを使ったVAという価値で成り立っています。個人は自分のVAのレートを設定し、支援者は応援したい個人にVAを出資するしくみです。個人の評価が上がればVAの価値も同様に上がり、支援者はリターンを得ることができます。また、ファンサービスやイベント開催など、個人と支援者をつなぐ優待制度もあります。ここから、よく株式投資にたとえられますが、「株主総会」のようなシステムは存在せず、かつ個人への制約もないので、突然VALUを退会してもルール違反にはなりません。つまり、株式投資のようなイメージを持って参加してしまうと、懸念があるサービスなのです。

しかし、何か夢や目標を持って活動する個人が自分の評価をVAで確認でき資金調達もできる、支援者は手軽に応援できてリターンや優待も期待できるVALUの環境は、とても魅力的です。騒動ばかりに目がいきがちですが、これほどまでに「応援されたい人と応援したい人をダイレクトにつなぐ新しい場所」がかつてあったでしょうか。VALUはスタートして1年も経っていません。サービスを評価するのは、もう少し待ってからでも遅くはないと思います。

Chapter 4

こんな分野にも!? 実用化の進むブロックチェーン

042

国境を越えた銀行間のやり取りにブロックチェーンを導入

メガバンクがブロックチェーン導入に本腰

USCというプロジェクトがあります。スイスの大手銀行UBSグループが主導する「ブロックチェーンを使って新しい金融決済の確立を目指す」プロジェクトのことです。2015年にスタートし、参加メンバーはバンク・オブ・ニューヨークやドイツ銀行、スペインのサンタンデールなど、世界の銀行大手が名を連ねる一大プロジェクトで、2017年9月、**三菱UFJ銀行も参加**を発表しました。

同プロジェクトで三菱UFJ銀行が目指すのは「**中央銀行を介さない銀行間の決済**」です。従来、銀行間決済の管理は、日本銀行（日銀）などの中央銀行により行われてきました。たとえば銀行口座の異なる個人や企業間が送金を行う場合、日銀はその帳尻を合わせるため、各行が持つ日銀の口座から資金移動を行っています。このしくみをブロックチェーンが代替するもので、実現すれば銀行間決済を大幅に効率化できます。同時に三菱UFJ銀行は、個人や企業向けの**国際送金サービス**にも着手するとし、2018年中に限定的サービスを提供、20年には本格的な運用をスタートさせるとしています。

また、個人間送金では、SBIホールディングスが、リップルのブロックチェーンを金融基盤にしたスマートフォンアプリ「**Money Tap**」を2018年夏以降に提供する予定です。これは参加銀行間であれば、口座番号を必要とせず、携帯番号やQRコードで24時間365日送金が行えるというものです。ブロックチェーンの送金サービスへの応用は早期から期待されていましたが、現在、このようにさまざまな銀行がサービス提供をスタートさせています。

ブロックチェーンは中央銀行の管理をなくせるか？

銀行口座が異なる企業間送金

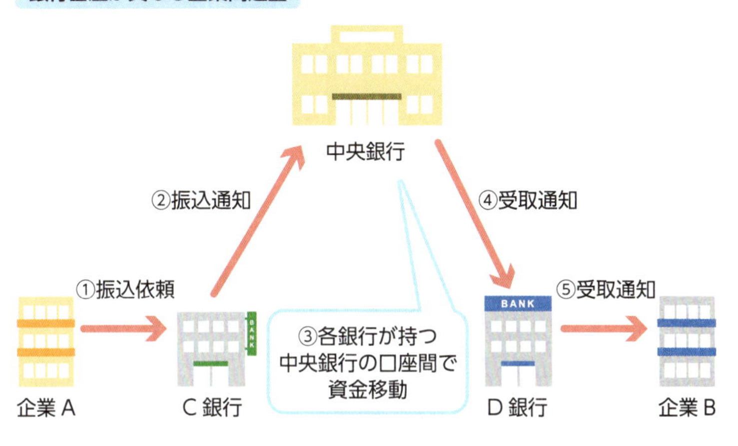

▲従来の異なる銀行間による決済の管理は、間に中央銀行を挟み、各行が持つ中央銀行の口座から資金移動をすることで行われてきた。

預金移動の証明にはトークンを発行

銀行決済の効率化！

国外の銀行では、中央銀行に口座を持つ負担をカット！

▲国内各メガバンクがブロックチェーンを活用したプロジェクトを推進させているが、この三菱UFJ銀行の取り組みも既存の金融環境を大きく変革させるものだ。そして、これまでの環境を一新させる可能性も大きい。

043

「食の安全」に
ブロックチェーンを活用

ブロックの中身は野菜情報？　安全・安心を届ける試み

2017年3月、電通国際情報サービスとシビラは「オープンイノベーションラボ」の一環で東京・六本木で開催された野菜市「ヒルズマルシェ」に出店し、「**ブロックチェーンを使って第三者機関なしに野菜の安全性とブランドを保証する**」という実証実験を行いました。これは宮崎県綾町とのコラボにより実現したもので、野菜の1つ1つに、QRコードとNFCタグが付けられたのです。それをスマートフォンで読み取ることで、購入者は「生産者」や「植え付けや収穫の時期」、「農薬使用の有無」などを確認することができます。つまり、ブロックチェーンには**「野菜の生産履歴」が保存**されているのです。また、ブロックチェーンによって産地偽装などをできなくして安心を提供するだけでなく、野菜に関するさまざまな情報を見える化することで、野菜の個性や生産者の思いも購入動機になります。

ユニークなことは、ブロックチェーンの構成にもあります。それは、情報の正当性をシビラ独自開発ブロックチェーン「Broof」と、世界最先端の電子国家エストニアのインフラを支えるGuardtime独自開発ブロックチェーン「KSI」という2つのブロックチェーンを組合せて実現していることです。いわば**"２段構えのブロックチェーン"で、より改ざんに強い環境を構築**しています。

このように、「食の安全」へブロックチェーンを活用する動きは現在加速しており、ジビエの正しい処理や普及を目的にした「日本ジビエ振興協会」では、プライベートチェーンを導入し、ジビエ肉の新しいトレーサビリティ・システムの運用を開始しています。

ブロックチェーンが安心・安全な野菜を届ける

▲「Broof」と「KSI」という2つのブロックチェーンで管理された野菜を、六本木アークヒルズで開催された「ヒルズマルシェ」に出店した。本実証実験では通常の2倍の値段で販売し、完売したという。

消費者は野菜のQRコードから生産プロセスを確認

▲野菜の包装袋に付けられたNFC付きQRコードをスマートフォンで読み取れば、生産プロセスがわかる。ブロックチェーンは、商品がどこでどのようにして作られたかわからない消費者に、安心・安全を届けられる技術でもある。

044

宅配ボックスの施錠／開錠にブロックチェーンを利用

ブロックチェーンを活用した宅配ボックスサービス

若者に人気のファッションビルに、「パルコ」があります。先端テクノロジーとは無縁のイメージもありますが、実はパルコは、先端テクノロジー企業でもあるのです。AIやロボット、IoTなどを使ったサービスを数多く運用していて、その中には、ブロックチェーンを活用したものもあります。

パルコのテナントと顧客を24時間つなぐプロジェクト「24時間パルコ」のサービスに、「カエルパルコ」があります。ショップブログからテナントの店頭在庫の取置き予約や注文を行えるサービスですが、2017年より、このカエルパルコにセゾン情報システムズが開発した「**ブロックチェーン技術を活用した宅配ボックス**」を追加する実証実験がスタートしました。宅配ボックスは顧客の購入商品を保管しておくもので、認証は商品購入者のスマートフォンから行います。**ブロックチェーンは「ユーザー認証」や「解錠・施錠」の管理をはじめ、「納入・受領記録」を担うのが役割**です。これにより、パルコは顧客が「いつでも、どこでも商品を購入でき、好きなところで商品を受け取れる」システムの実現を目指す、としています。また、システムは汎用性が高く、さまざまな**宅配業者が配達を行うシェアリング型宅配ボックスへの採用も可能**だといいます。

現在はまだ実証実験段階のため利用はできませんが、これが広がれば誤送や盗難のリスクを削減することができ、さらに昨今問題視されている、宅配業者の過剰サービスの見直しにも寄与することでしょう。

新しい宅配システムを築くブロックチェーン

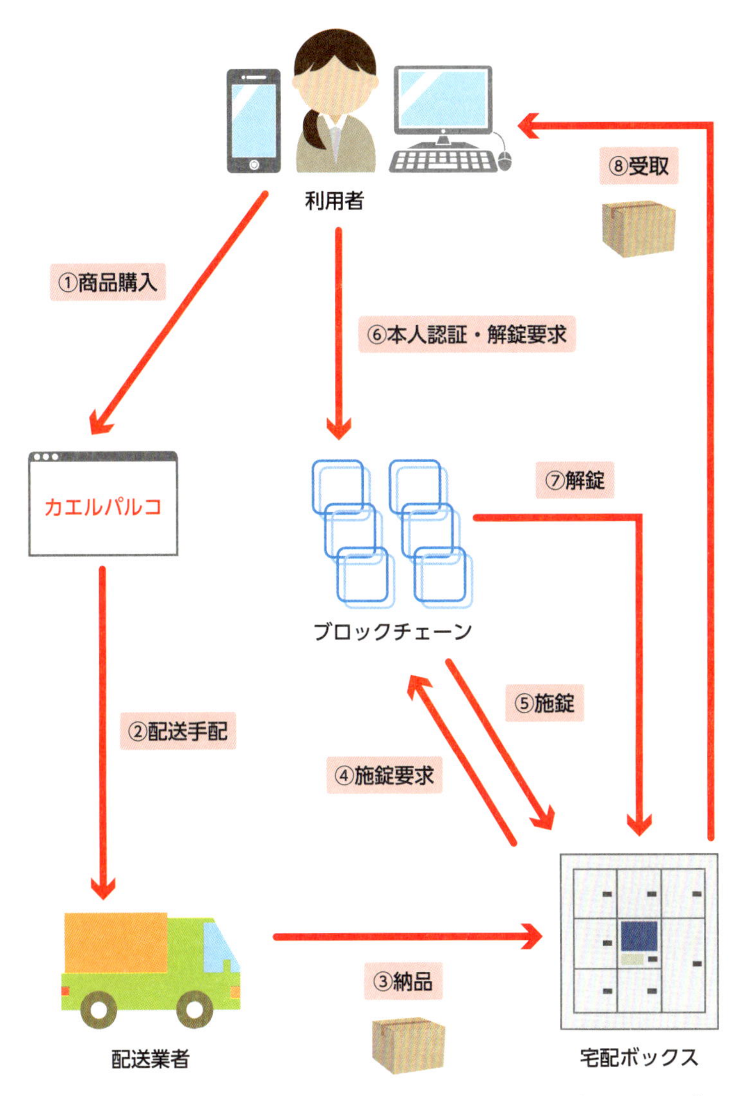

▲「いつでもどこでもサービスが受けられる」ためには、管理クオリティが欠かせない。ブロックチェーンの非改ざん性はその姿を実現する。ブロックチェーンにより宅配業界のサービスが一変するかもしれない。

045

ブロックチェーンで民泊運営を自動化

「ブロックチェーン×民泊」が作る新しい宿泊のカタチ

シェアリングエコノミーの浸透から、民泊にも大きな注目が集まっています。Airbnbなどのサービスを利用したことがある方も少なくないのではないでしょうか。サービスが先行する海外では、旅行者が宿泊先に民泊施設を選ぶことも珍しいことではありません。

一方、民泊黎明期である日本では、普及まではいくつかの問題を抱えています。それが、「安定したサービスフローの確立」です。具体的にいうと、「ホスト登録・申請」や「宿泊者の管理」、「鍵の受け渡し」などの作業です。2018年6月に民泊新法の施行が予定され、2020年の東京オリンピック開催により訪日外国人も日増しに増える現状を見れば、ホストとゲストにとって安心な環境を築くべきだといえます。そんな中、大きな期待を集めているのが、不動産管理会社・シノケングループの「**IoT民泊システム**」構築の試みです。

このシステムの基盤技術になるのが、シノケングループとチェーントープが共同開発したブロックチェーンです。データ改ざんが事実上困難とされるブロックチェーンのセキュリティや機能を活かし、「**鍵の解錠権を持つ利用者の証明**」や「**解錠権の移管**」、さらに「**民泊施設の検索・申込みから、宿泊、利用終了までの自動化**」も行うとしています。これにより、ホストは安心してサービスを提供でき、ゲストはスマートフォンのみで申し込みから施設の開閉までを行うことができるようになります。

シノケングループは、管理している約25,000戸の施設に、このシステムの提供を予定しています。

ブロックチェーンで、民泊がスマートなサービスに

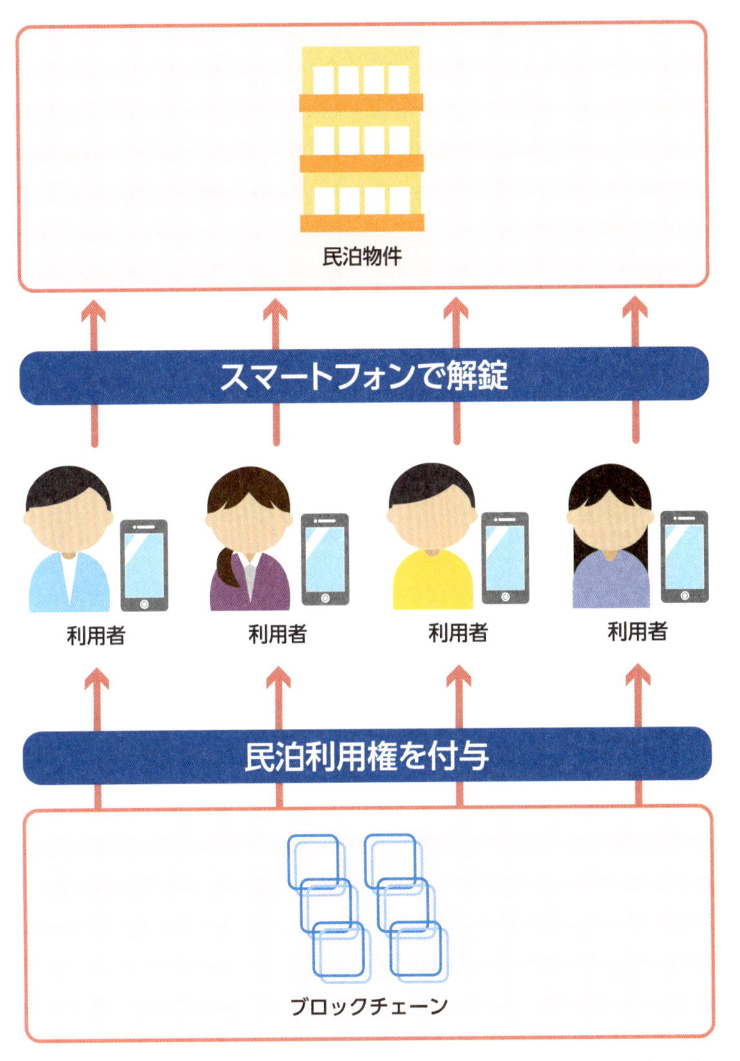

▲民泊の問題は、旅館・ホテルに比べ、宿泊のハードルが低いことだ。自分の家のような感覚でマンションの一室や住居の一室を借りることができる。だが、それゆえ羽目を外す利用者も少なくなく、トラブルになりやすい。その管理において、情報を恒久的に記録できるブロックチェーンが与えるメリットは大きい。

046

膨大な不動産情報もブロックチェーンで一本化

「ブロックチェーン×不動産情報」が次世代の市場を創る

情報を時系列でつないでいくブロックチェーンの特性は、「散在する情報の一元化」にも大きなメリットがあると見られています。不動産・住宅情報サイト「LIFULL HOME'S（旧ホームズ）」で知られるLIFULLは現在、ITソリューションベンダーやブロックチェーン開発会社との協業により、プライベートチェーンを用いて「**不動産情報の一元化**」の実証実験を行っています。

従来の不動産情報はこれまで、不動産に関する登記や住所、所有者、納税者などの情報がばらばらに管理され、かつその情報の透明性においても、すべて明らかだとはいえない状態にありました。また、近年の空き家や所有者不明不動産問題も、早急に解決すべき深刻な課題として認識されていました。LIFULLが行う不動産情報の一元化は、これらの改善に寄与するもので、散在している不動産情報をブロックチェーン上に紐付け、情報の一元化とともに、**閲覧権限や所有権の移転などをスマート化し、透明性を高めようとする**ものです。さらに、将来的には政府・自治体が進めている不動産登記のオープンデータや登記簿、マイナンバーなどの情報とブロックチェーンの接続を行い、あらゆる情報の一元化から不動産にまつわる社会的問題にも取り組むとしています。

また、今回の実証実験はLIFULLのみの試みですが、その有用性が明らかになれば、複数の民間業者間でブロックチェーン環境による情報の共有・利用を行っていくとしています。

ブロックチェーンは、不動産業界の一条の光となるか？

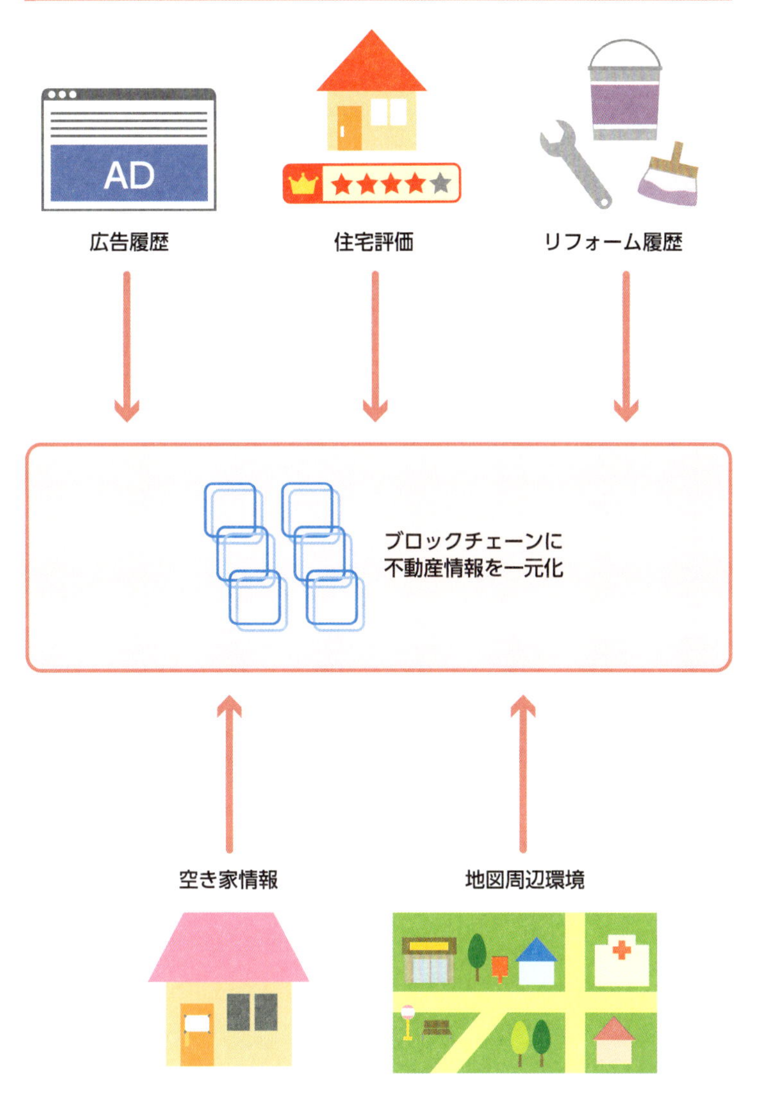

▲“資産”を扱うがゆえ、不動産登記の手続きは個々の不動産業者や行政機関で管理されてきた。機密性の保持がその理由だが、それは情報の散在を招く結果となった。ブロックチェーンは不動産情報を安全なまま一元化できる可能性がある。その取り組みが今、始まった。

047

電気もブロックチェーンで取引する時代に!?

「ブロックチェーン×電力取引」で電力売買の構造が変わる?

世界一のエコロジー大国と呼ばれるドイツでは、再生可能エネルギーへの注目度も非常に高く、街の至る場所でソーラーパネルを設置した民家を見ることができます。また、電力の地産地消に対する意識も高く、使用分の電気を太陽光発電でまかない、余った分を売却する「プロシューマー」と、消費者との直接取引の場に対する期待も高まりを見せています。

この動向にいち早く着目したのが、ドイツの大手電力会社、イノジーです。同社は、2015年より**P2Pネットワークによる電力取引のプラットフォームやブロックチェーンを活用した取引などの有用性を実証する事業を推進**し、2017年に事業の見通しを得てコンジュール社を設立し、プラットフォーム事業を本格スタートさせています。実は、この事業は日本にとっても深い関わりがあります。

事業の立ち上げは、東京電力ホールディングスとの共同で行われていて、かつ東京電力は出資からコンジュール社の30%の株式を所有しています。つまり、この事業の有用性が実証されれば、日本においても同様のプラットフォーム・サービスが提供されるのは明確で、事実、東京電力は「**国内での事業展開も視野に入れ、当事業からブロックチェーン活用のビジネスモデル構築とサービス運用の知見を獲得していく**」と発表しています。

現状の日本では、太陽光発電などから得た余剰電気の売却は、電力会社や小売電力事業者に限定されますが、近い将来、家庭で作った電気を別の家庭に直接販売できる日がくるかもしれません。

個人が個人に電力を売る時代がやってくる？

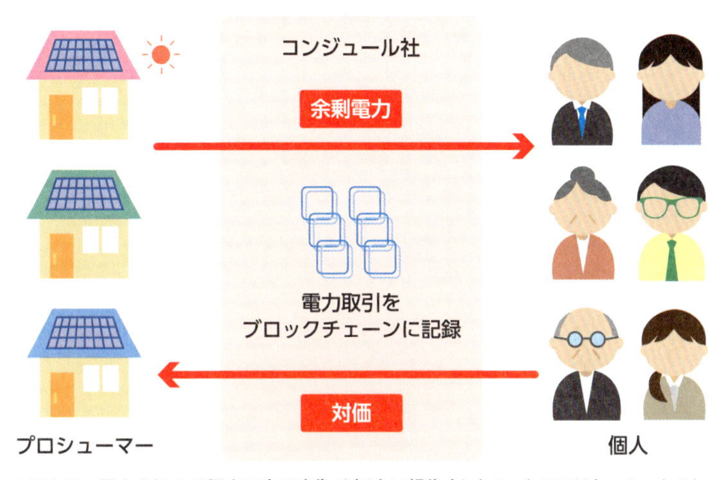

▲誰もが、電力を個人が個人に売る時代がくるとは想像もしなかったのではないか。しかし、ブロックチェーンにより、それも実現の兆しが見えている。「非中央政権」の余波はあらゆる産業に影響を及ぼそうとしている。

ブロックチェーンを利用する電力取引会社が誕生

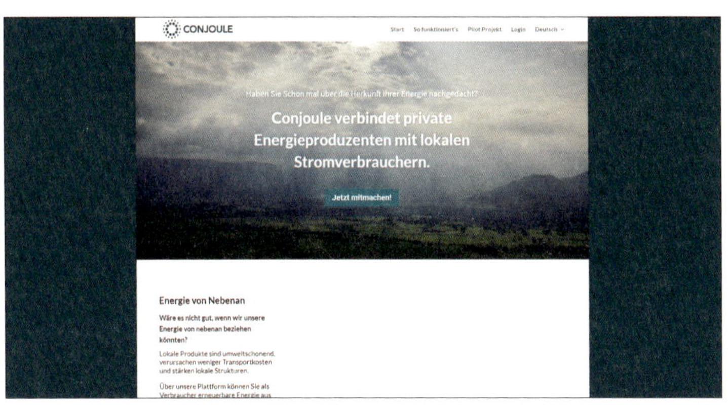

▲CONJOULE（http://conjoule.de/de/start/）
ドイツの大手電力会社であるイノジーは、ブロックチェーンを活用した電力取引会社を設立した。東京電力ホールディングスは、同社へ300万ユーロ（約3.6億円）を出資している。

048

商品の不正取引も防止できる!

「ブロックチェーン×チケット販売」が不正転売の抑止力に

ブロックチェーンは、安全や安心、業界の活性化に寄与するとの期待を集めるとともに、不正抑止の技術としても注目されています。その1つが、2017年7月に仮想通貨・ブロックチェーンベンチャーのシールドバリューが発表したチケット流通システム「**リコチケ**」です。チケットの不正転売をできないしくみを、仮想通貨とブロックチェーンのしくみを活用して構築しています。リコチケは従来のように紙のチケットを用いますが、QRコードが付与されていて、スマートフォンの読み取りだけで購入者はキャンセルを行えます。また、キャンセル情報を管理できることから、空席状況の把握とチケットの再販もタイムリーに行えます。これにより、不正転売の原因の1つであるリセール環境の不備が生じにくい環境が作られているのです。

さらに、リコチケの購入には仮想通貨のウォレットIDが必須であり、アクティブなウォレットIDしか登録できません。これにより、**架空アカウントからの購入を排除**でき、かつ**転売目的のユーザーを発見した場合はすぐに特定**することができます。

リコチケのような不正抑止のサービスは、さまざまな分野に広がりを見せています。たとえば美術品取引では、ホワイトストーン・ギャラリー香港が、「分散型鑑定済美術品取引プラットフォーム」の構築を目指しています。指紋などの生体認証とブロックチェーンの秘密鍵を組み合わせたサービスで、実現すれば、美術品の真贋問題が大きく改善されると注目されています。

チケット転売はブロックチェーンが許さない!?

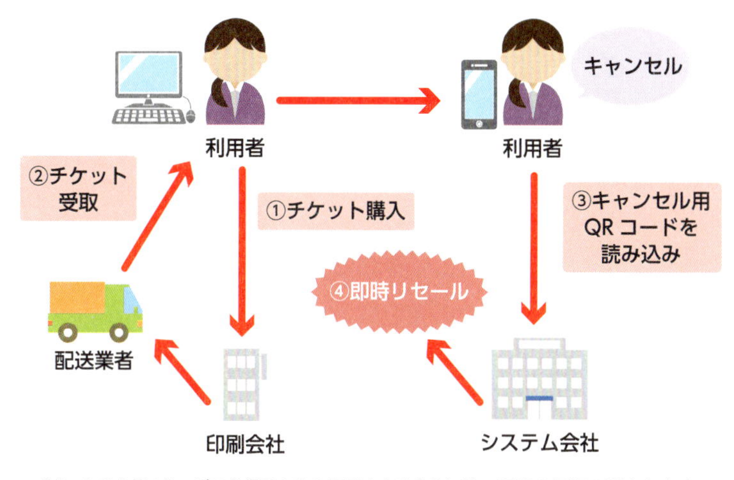

▲チケットのようにサービスを得るための証明となるものには、転売の不正が行われやすい。また、チケットの突如のキャンセルは運営者のコストとなる。そのネックを一挙に改善すると期待されているのが、ブロックチェーンだ。

新しいチケット販売の流通システムを構築

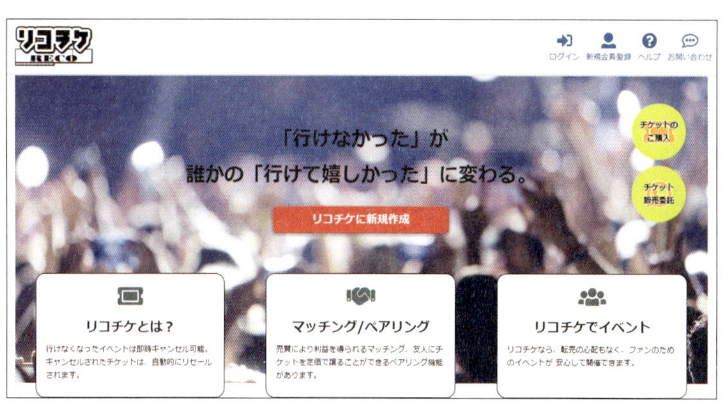

▲リコチケ（https://reco-ti.jp/）
一時流通と二次流通のしくみを一体化し、不正転売や高額転売を行えないシステムを実現させる。

049

ブロックチェーンがソーシャルゲームを変える!

「ブロックチェーン×ゲーム」はゲームの新時代を築くか?

非改ざん性とサーバーに依存しないデータ管理を、Counterpartyのブロックチェーンで実現している「Spells of Genesis（以下SoG)」というソーシャルゲームがあります。ゲーム内容は通常のソーシャルカードゲームにも近しいものがありますが、SoGは、ゲームの未来を変えるかもしれない特徴を持っています。

最大の特徴は「**アイテムの所有権をユーザーの資産にできる**」ことです。SoG内で使用するアイテムはブロックチェーン上に記録されます。これは、禁止されているにも関わらずゲームアカウントやアイテムの売買を個人間で行ったり、そこから不正に稼ごうという「トレード問題」の改善にもつながります。なぜなら、誰が所有しているアイテムなのかをブロックチェーンがはっきりと証明してくれるからです。この透明性により、SoGはトレードを公式制度としていますが、公式トレードはプレイヤーに安心を与えるだけではありません。手数料の一部をゲーム・クリエイターに還元すれば、ゲーム業界の待遇改善にもつながると考えられています。

また、SoGでは、アイテムなどを別のゲームに「**データ移行**」できることも注目すべきポイントです。キャラクターやアイテムを特定のゲームに依存させないことが可能なので、もしかしたら、気に入ったキャラクターをさまざまなゲームで使えるようになる可能性もあります。ゲーム環境を整備し、業界の改善にも使え、かつ自由な遊び方もできる。このように数多くの可能性を秘めたブロックチェーン・ゲームは、今後も続々と登場していくことでしょう。

ゲームサーバーのアイテムをブロックチェーンへ

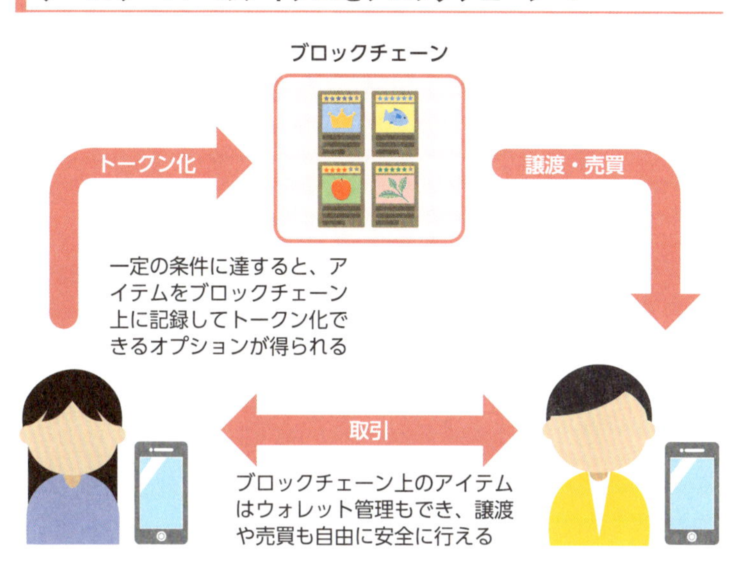

ICOで資金調達しゲームで使えるトークンを配布

▲「Spells of Genisis」（https://spellsofgenesis.com/）
このゲームは2015年にICO（Sec.051参照）で資金調達を行い、その2年後の2017年にリリースされた。ICO参加者には「BitCrystals」というトークンが配布され、ゲーム内でアイテムの購入などに利用することができる。

050

Appleが
ブロックチェーンの新特許を出願

Appleのサービスにブロックチェーンが組み込まれる?

「**タイムスタンプ**」という技術があります。その特徴はその名の通りで、「時間と存在の証明」です。よりわかりやすくいうと、「データがある時間に存在していた」ことを証明するもので、データとタイムスタンプを比較すれば、データがのちに改ざんされていないとかんたんに確認できる技術です。そして最近、このタイムスタンプの認証にブロックチェーンを用いるシステムをAppleが開発し、特許を出願したことが話題になりました。

Appleの狙いはセキュリティにあるようです。特許技術は、ブロックチェーン活用のタイムスタンプ作成により、**ハッカーの攻撃からSIMカードなどを保護**できるしくみです。タイムスタンプが付与されたブロックが作成されると、ほかのシステムがタイムスタンプ認証を行い、ブロックチェーン上に追加される仕様のようです。このブロックチェーンを基盤としたタイムスタンプ認証システムにより、Appleは**「恒久的なタイムスタンプの保存」と「局所的なハッカーの攻撃では被害を受けないネットワーク」の実現**を目指していると考えられています。

また、そのシステムの活用先として、Appleが検討しているのは「Apple Pay」ではないかとの憶測もあるようです。2017年11月に発表した求人情報からだと推測できますが、当該情報では、決済システムとブロックチェーンの構造に造詣の深い人材を求めるとしています。いずれにせよ、Appleのサービスにブロックチェーンが活用されれば、より大きな注目を集めることは間違いないでしょう。

Appleがブロックチェーンを採用するメリット

データ保存の恒久化

タイムスタンプが含まれたブロックを正確に作成し続けることができる

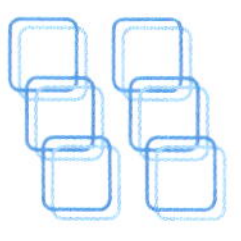

セキュリティの向上

外部からの攻撃や改ざんの動きがあっても、ネットワーク全体に被害は及ばない

▲Appleは出願した技術を「多重認証アーキテクチャ」とし、個人情報を含むさまざまな情報が保存されているSIMカードやMicroSDカードなどのデータ保護を目的としている。

ブロックチェーンはApple Payに応用？

▲Apple Pay（https://www.apple.com/jp/apple-pay/）

Appleがブロックチェーン技術の導入を検討しているのは、同社が展開している支払いシステム、Apple Payとの憶測がある。ブロックチェーン技術に造詣の深い人材をApple Payのワイヤレスソフトウェアセキュリティ技術に関する求人の条件に挙げていた。

051

ブロックチェーンが可能にする新しい資金調達

新株式公開に代わる資金調達法がブーム

体力の乏しいスタートアップにとって、資金調達は会社を大きく成長させる有望なチャンスです。これまでの資金調達方法としては、金融機関などからの融資やIPO（新規上場株式）を行うことが一般的でしたが、融資は過去の実績が必要であり、また、IPOは年単位の準備が必要になります。つまり、スタートアップがどれほどよいビジネスアイデアを持っていたとしても、手軽に資金調達が行えるとはいえませんでした。こういった環境の傍らで登場したのが、**仮想通貨を活用する新しい資金調達「ICO」**です。

ICOはブロックチェーン・プラットフォームであり、登録すると**企業は独自トークンを発行**できます。そして、一般投資家から**トークンの買い手を募り、プラットフォームが対応する仮想通貨で資金調達**を行えます。一方の投資家は、企業が提供するサービスの価値が向上すれば、トークンの価値も上がり、売却益を得られるしくみです。トークンの販売にはサービス優待なども付与されているので、**仮想通貨のしくみを使ったクラウドファンディング**とイメージするとわかりやすいでしょう。反対に、クラウドファンディングと似て非なるところはその規模です。ブロックチェーン上で運営されているため、世界中から大規模な資金調達を行うことができます。このICOプロジェクトは世界中にあり、「Starebase」や「WINGS DAO」は日本でも知名度があります。ただし、日本国内の企業がICOしたトークンを二次流通させるには、資金決済法にもとづき、仮想通貨として金融庁へ登録する必要があります。

ICOのしくみ

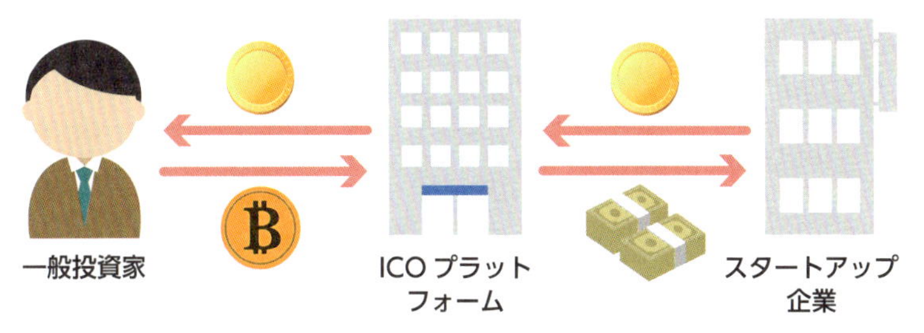

▲資金調達を行うスタートアップ企業はICOプラットフォームを介し、一般投資家からビットコインなど一般的な仮想通貨による投資を募る。投資を受けるとICOプラットフォームを介して企業から投資家トークンが発行され、このトークンは自由に売買が可能。

世界でブームを起こすICOプラットフォーム

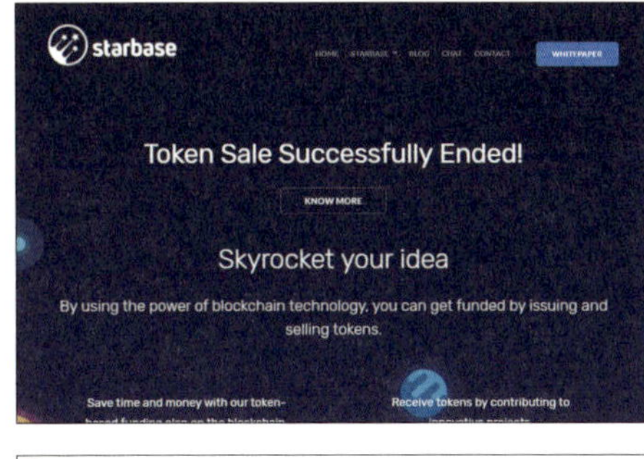

●starbase
(https://starbase.co/)

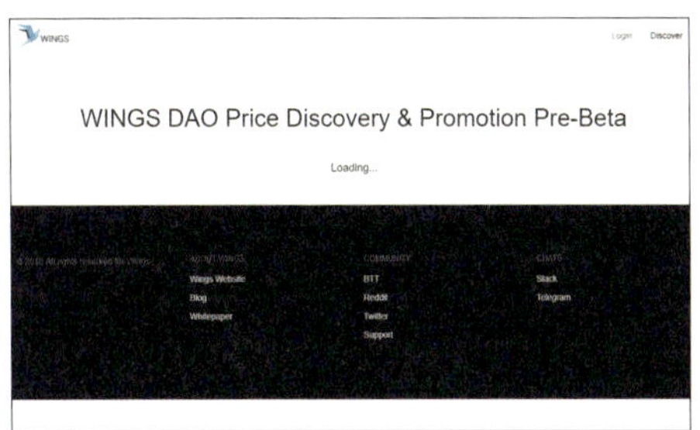

●WINGS DAO
(https://www.wings.ai/#!/home/discover)

▲ICOプラットフォームは数々あり、それぞれ特徴を持つが、仮想通貨を通じた個人や資金調達の場であるのはみな同様。融資やIPOと比べ手軽なイメージがあるが、その調達額は巨大であり、また投資家たちからの期待も大きい。

052

「ねつ造」や「広告」のないソーシャルメディア

「ブロックチェーン×メディア」が真の情報とクリエイターを育成

インターネット普及による恩恵は計り知れませんが、その分、弊害もあります。その1つがPV稼ぎを目的とする三文文のようなコンテンツやアフィリエイト広告です。この是非はともかくとして、得たい情報を検索している人にとっては、“うるさい”以外の何者でもないことでしょう。さて、この現代ならではの課題にも、ブロックチェーンは有用性を発揮しています。

「**Steemit**」はブロックチェーン上に構築されたソーシャルメディアプラットフォームで、ユーザーはさまざまな情報を投稿できます。そして、ほかのユーザーから投稿に「評価」が付くことで**独自のトークンを報酬**としてもらうことができ、一方の評価やコメントを行うユーザーも報酬として独自のトークンを受け取ることができます。ここでユニークなのが、「**評価にはレベルがある**」ことです。かんたんに説明すると、「すでに高評価の記事に評価・コメント」したり、また「多くの記事に評価・コメント」したりすると、コメントしたユーザーの評価レベルは下がり、受け取るトークンも少なくなります。その結果、Steemitは**「よいコンテンツを探し出して、いち早くよい評価を与えなければならない」環境が構築されている**のです。このしくみが、従来のPV・広告依存ではないメディアを作るとしています。

このSteemitにインスパイアされたのが、日本発の「ALIS」です。サービスモデルは近いのですが、よりシンプルな構成で、ユーザーに使いやすいしくみが用意されているようです。

ブロックチェーンを活用したSteemitのしくみ

①報酬額を算出する評価レベルが変動する

投稿を評価することによって得られる報酬額は、各ユーザーに割り当てられる評価のレベル「Voting Power」により算出される。Voting Powerは複数の投稿を評価するとその分だけ値が分割され、逆に1つの投稿を評価すると値がその投稿のみに集中するしくみ。これにより1票の重みが出るので、読者のスパム的乱発評価は損となり発生しにくくなる。なお、一定量のトークンを所有していると、Voting Powerの調整が可能となる。

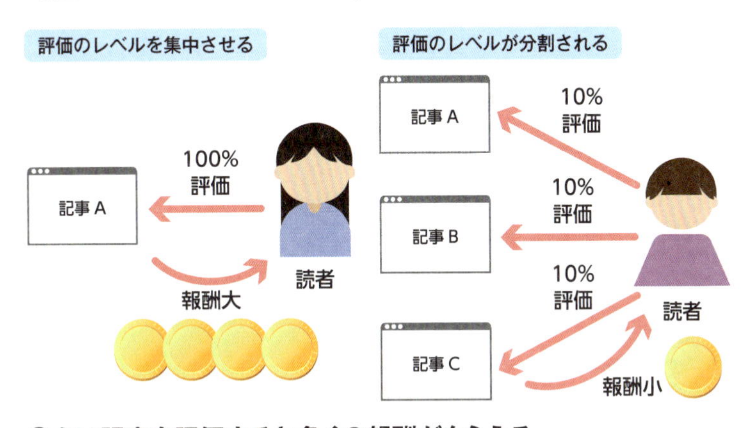

②よい記事を評価すると多くの報酬がもらえる

よい記事（のちに評価を集める記事）をいち早く評価をすると、多くの報酬を得ることができる。

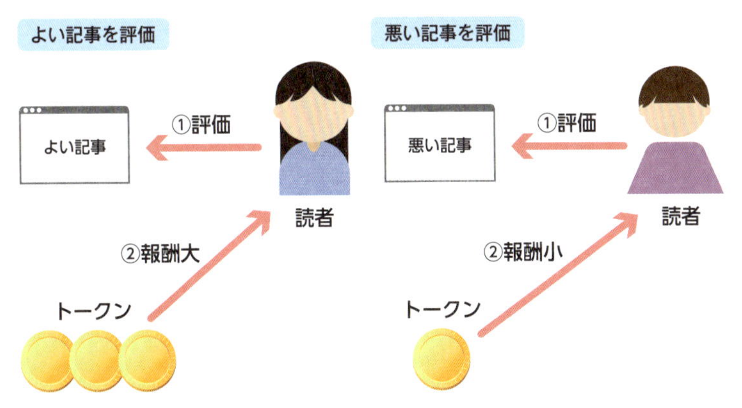

▲スパム行為ができないように上記の2つの報酬ルールを定め、よりよいコンテンツが構築されるしくみが作られている。

053

ブロックチェーンで未来を予測?「Augur」

「ブロックチェーン×予測市場」は未来のギャンブル!?

「予測市場」というビジネス市場があります。あまり聞きなれないかもしれなませんが、かんたんにいうと「まだわからないことを予測するビジネス」です。ユーザーからすれば、予想が当たれば配当が支払われます。いちばんわかりやすいのは“競馬”でしょうか。馬券の配当は、注目度の高い馬ほど低くなり、低い馬ほど高くなります。

さて、この予測市場をブロックチェーンで再現したサービスが話題を呼んでいます。将来予測プラットフォーム「**Augur**」には、「今後、○○はどうなる」という、予測案が集められます。ユーザーはそこにAugurが発行する独自通貨を賭け、みごと当てることができれば賭け金が支払われます。このしくみで、非常にユニークなのが複数の「レポーター」の存在です。

レポーターは、予測結果が正しいかどうかの判断を行います。その「判断の正しさ」は多数決であり、正しいレポーターには報酬が与えられます。ここで、“おやっ”と気付く人も多いのではないでしょうか。そう、Sec.021で解説した「Pow」のマイナーに似ています。報酬は正しい判断のレポーターのみに与えられ、そうではないレポーターは判断を行うための権利金を没収される。このしくみによって、**「胴元」がいなくても運営できる環境を構築し、かつ不正な判断を行えないしくみ**が築かれています。

将来予測を集合知により行うAugurは、多様な分野から注目を集めています。もしかすると、保険商品などに使われるかもしれません。

胴元不在で賭けごとができるAugurのしくみ

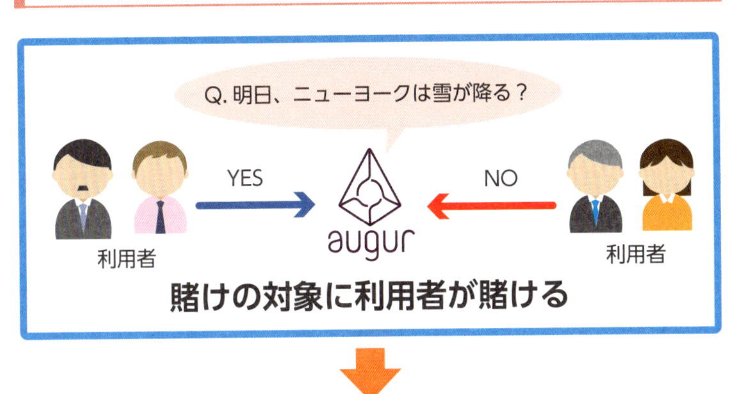

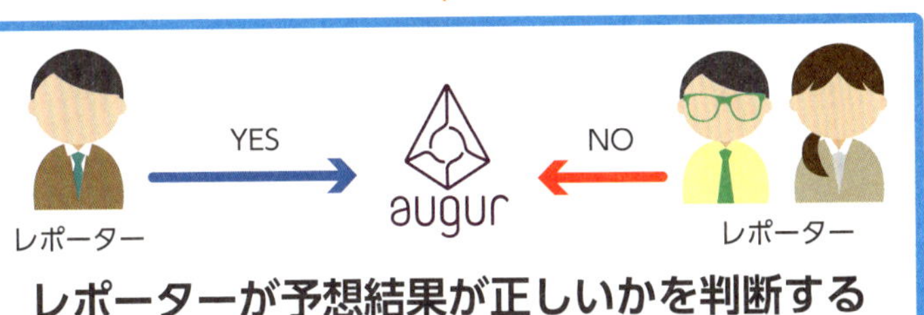

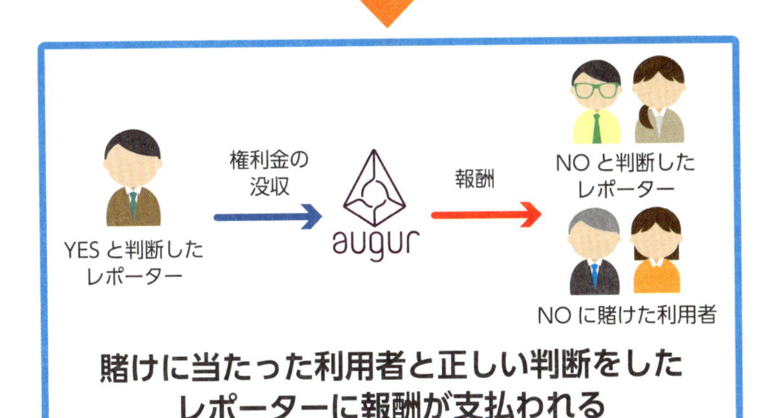

▲Augurの一連の作業はスマートコントラクトを応用し、すべて自動化されている。

054

分散型クラウドストレージプロジェクト

「ブロックチェーン×ストレージ」が築くデータ保存の未来

「iCloud」や「Dropbox」など、クラウド・ストレージの利用は今や当たり前になった感があります。オンライン経由で大切なデータを保存でき、デバイスが故障・紛失しても、データを失わない。とても利便性に富むクラウド・ストレージですが、実は懸念すべき点もあります。それは、「データの安全性はベンダー次第」だということです。ストレージの管理は、iCloudであればApple、DropboxであればDropbox社が行っています。つまり、「管理主体」が明らかなので、トラブルが発生した場合、データも影響を受けないとはいい切れないのです。事実、Dropboxは2012年にハッキングを受け、6,800万件のアカウントデータが流出しました。

ブロックチェーンは、この懸念をも覆そうとしています。「**Storj**」は、「もっとも安全でプライベートなクラウド」を標榜するブロックチェーン・ストレージです。クラウド・ストレージとの大きな違いは、「**データを管理主体ではなく、P2Pネットワークに預ける**」という点で、ユーザーのデータはネットワークの参加者に共有されます。これにより、分散型のセキュリティを構築し、局所的な攻撃を受けてもデータが守られる環境を築いています。また、データは断片化・暗号化され、ブロックチェーン上に保存されるので、特定のユーザー以外がデータ内容を閲覧できないようになっています。

現時点では、明確な評価はないものの、**高セキュリティ性に加え、大容量の利用でも安価に利用できる**メリットもあるといいます。先行きが楽しみなストレージプロジェクトです。

StorjはDropboxとどう違う?

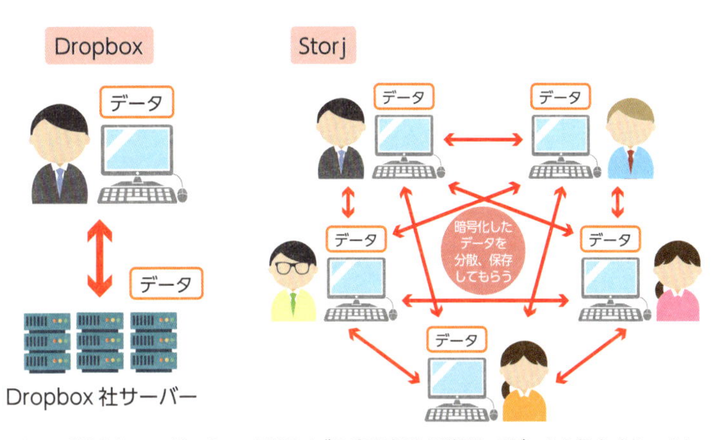

▲Storjでは参加ユーザーのハードドライブの空き容量を利用してデータを保存する。また、空き容量を提供することでトークン「STORJ」が報酬として与えられる。なお保存されるファイルは暗号化されるので、セキュリティは強固だ。

ブロックチェーンはクラウドも凌ぐか?

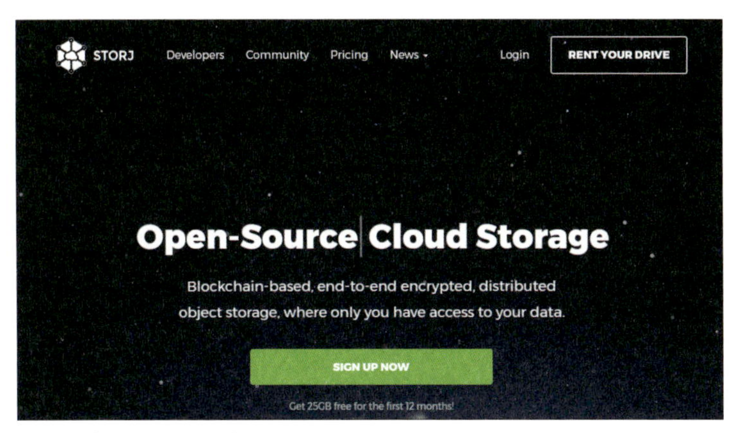

▲Storj（https://storj.io/）
ブロックチェーンの非改ざん性をストレージに応用したサービス。現在普及しているクラウドのデメリットである、ハッキングやシステムダウンを防げる可能性がある。次世代のストレージを担うか?

055

シェアリングエコノミーへの活用

「ブロックチェーン×シェアリングエコノミー」で何ができる?

年々、さまざまな分野に波及するシェアリングエコノミーですが、ブロックチェーン技術を利用して、より魅力的なサービスを提供しようという機運が高まっています。利用・提供者にとって、そのメリットとは、果たしてどのようなものなのでしょうか?

まず、シェアリングエコノミーがサービスとして成り立つポイントをおさらいしておきましょう。もっとも重要なものは「安全に取引を行える環境」であり、利用・提供者が信用できる人物か、金銭のやり取りは正しく行われているかなどを管理できるプラットフォームは必須です。従来のシェアリングエコノミーでは、これらをAirbnbやUberなどの事業者が担ってきました。しかし、その結果、サービス利用・提供に至るまでの本人確認や手続きは手軽とはいえず、またサービス料金も手数料を加味した料金になっていました。このしくみを変え、「**利用者と提供者を安全に、かつダイレクトにつなぐ**」ことを可能にするのがブロックチェーンなのです。

ブロックチェーンの事実上改ざん不可能な特性と、スマートコントラクトの契約自動化を活用すれば、**事業者不在のプラットフォーム**が誕生する可能性は大いにあります。そして、その環境は**安全で透明で、かつ低コスト**なのです。カーシェアであれば、利用・提供者間のスマートフォンだけで車の貸し借りが行える、そんなサービスもいずれ出てくることでしょう。最小の手間で安心に利用できる、"完全なシェアエコノミー"をブロックチェーンが実現する日もそう遠くないかもしれません。

シェアリングエコノミーのネックを改善!?

シェアリングエコノミーのネックとは？

利用者、提供者の信用を担保しなければ

運営業者

提供者は本当に信用できる？

利用者

顧客は掴みやすいが手数料が取られる

提供者

ブロックチェーンがすべて解決！！

なぜブロックチェーンなのか？

利用者、提供者の信用情報を一元化できる

運営業者

提供者のサービス履歴を正確に把握

利用者

利用者との直接取引も実現できる可能性

提供者

シェアリングエコノミーの新しいカタチ

▲データ、つまり情報の信ぴょう性が担保される環境があれば、シェアリングエコノミーは実にスマートなビジネスといえる。そこには仲介業者の“中抜き”は不要であり、安全・安心かつ低コストでサービスを提供し、利用できる。ブロックチェーンはそれを実現できる可能性がある。

056

ブロックチェーンで「地域限定通貨」を作る

ビットコインの次は「地域限定通貨」のブームがやってくる?

「地域通貨」という言葉をご存知でしょうか。かんたんにいえば地域限定の商品券ですが、わかりやすい例が1999年に小渕恵三内閣が全国の市区町村に発行させた「地域振興券」です。この後地域通貨はブームとなり、企業などの限定通貨なども誕生しました。Webサイト「地域通貨全リスト」(http://cc-pr.net/list/) によれば、全国に677件の地域通貨があるといいます (2017年4月時点)。

さて、この件数は2006年から微増し現在に至ります。地域通貨は利用者には「使える店舗が少ない」、「公共機関、交通機関で利用できない」などの声があり、また管理・運営機関にとっては「保管・管理にコストがかかる」ものだといいます。こういった理由から、一定数は発行されているものの、大きな普及とはいかなかった地域通貨ですが、今、そこに変化が訪れようとしています。そして、その背景にあるのがブロックチェーンなのです。

ブロックチェーンの分散管理のしくみを活用すれば、まず「コスを抑えた管理」を行うことができます。さらに、利用者はスマートフォンがあれば地方通貨を使えることから、受け取りも利用もとても手軽に行えるメリットがあります。

岐阜県の飛騨信用組合は、2017年の5～8月にかけて、インターネットサービスの開発·提供を行うアイリッジと共同で地域通貨「さるぼぼコイン」の実証実験を行い、今後ブロックチェーン技術が適用可能なことを確認しました。アイリッジでは、諸々の条件が整った際は、採用の可能性があるとしています。

岐阜県飛騨高山で正式運用の「さるぼぼコイン」

▲岐阜県の高山市、飛騨市、白川村で利用できる「さるぼぼコイン」。2017年12月より商用サービスを開始した飲食店や宿泊施設、タクシー、スーパー、ヘアサロンなど、2018年2月現在、300以上の加盟店で利用することができる。

▲飛騨信用組合／さるぼぼコインのご案内（https://www.hidashin.co.jp/coin/）
2017年5～8月の実証実験ではブロックチェーンの利用について、一定の条件下で問題なく動作することが確認できた。実際にブロックチェーン技術が採用されれば、高セキュリティ性の確保や、システム投資コストを抑えるといったメリットを享受することが可能となる。

057

ブロックチェーンを安否確認システムに利用する

「ブロックチェーン×安全確認」が災害に強い通信ネットワークを作る

2011年3月に発生した東日本大震災での安否確認や被災者情報収集で、電話やメールよりもTwitterが活躍したことを、記憶に留めている方も多いことでしょう。そのため、災害時はまずSNSで連絡をと決めているという人もいると思いますが、最近、日本初のブロックチェーンを使った安否確認アプリがリリースされたのをご存知でしょうか。

ITシステム開発を行う電縁が開発した「**getherd**（ギャザード）」は、通信キャリアやメールサーバーにトラブルが生じても、安否確認を行うことが可能なアプリです。ブロックチェーンの**P2Pネットワークで通信環境を構築**しているので、従来のクライアントサーバー型のように利用集中によるシステムダウンや通信・接続の遅延も発生せず、**災害時でも安定して利用できる環境**が整えられています。また、既存の安否確認サービスのように、個人のメールアドレスを登録する必要がなく、さらにブロックチェーン上には利用者の電話番号などの個人情報も紐付かないようになっています。

利用方法はとてもかんたんで、安否を確認したい人同士がgetherdアプリをインストールすれば準備は整います。そして、付与されたブロックチェーンアドレスをお互いに登録しておけば、安否確認を行うことができます。

有料や大規模の利用者を対象にしたサービスが多い中、無料かつファミリーなどの少人数で利用できるのも魅力的です。このようにブロックチェーンは、防災の備えにも使われ始めています。

ブロックチェーン型安否確認システムのメリット

低コスト

高コストな高性能サーバーなどは不要となり低コストで運用できるので、大企業ではない中小零細企業や一般家庭でも利用が可能。

ネットワークの安定

災害時の一極集中的な過度の負荷によるサーバーダウンなどがなく、ネットワークが安定しているので災害時に確実に安否確認が取れる。

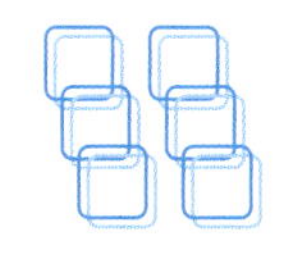

▲これまでの安否確認システムは高性能なクライアントサーバーを利用しており、システムダウンの発生の懸念や高コストが課題となっていたが、ブロックチェーンにより低コスト、サービスの安定供給が可能となった。

P2Pネットワークで安否確認システムを構築する「getherd」

▲getherd（https://www.getherd.jp/）
スマートフォンアプリで利用可能な、ブロックチェーンを利用した安否情報サービス。高性能なサーバーは利用しておらず、無料で利用ができる。

058

ブロックチェーンを地方創生に活かす

「ブロックチェーン×自治体」で地方創生を目指す

2017年3月、茨城県かすみがうら市は、全国に先駆けてブロックチェーンを活用した地方創生事業に取り組むと発表しました。

その概要は、「地域ポイントによる地域振興」で、ブロックチェーンのトークンを活用し、市民や観光客が**市内の小売業や飲食店で使える地域ポイント「湖山ポイント」を発行**するというものです。

湖山ポイントは、「市主催のイベントや支援行事に参加すること」を条件に、1回の参加あたり数十～数百円分を受け取ることができます。受け取りはスマートフォンのアプリ経由ででき、スタンプカードや専用ICカードなどは不要です。また、ポイントは、「早く使えば使うほど受けられる割引などが大きくなる」しくみで、イベントにたくさん参加して早くポイントを使うほど、お得になります。

このかすみがうら市の取り組みは、内容の斬新さだけではなく、運営についても大きなメリットがあります。もし、従来のように紙やICカードでポイントサービスを提供するとなると、カードの作成・配布などに大きなコストと労力を割かなければいけません。運用についても、スタンプを押す人員やICカードを管理するサーバーシステムの保守などコストはかさむ一方です。しかし、ブロックチェーンでの地域ポイント発行は、スマートフォン上に**データを分散管理できることから低コストを実現**できます。市は、2017年度の予算案で「地域ポイント関連費」として1,030万円を計上しています。このうち、システム構築費・運営費を含めても、500万円を上回る程度のコストで地域ポイントを運用できる見込みだといいます。

湖山ポイントのしくみ

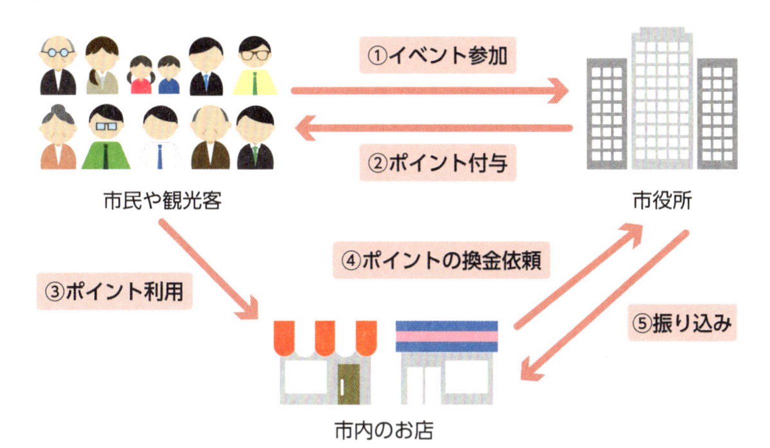

▲利用者はスマートフォンに「湖山ウォレット」アプリをインストールして利用する。1ポイントを1円と固定して、市内の小売業や飲食店で利用することが可能となる予定だ。

全国に先駆けかすみがうら市が導入へ

▲かすみがうら市（https://www.city.kasumigaura.lg.jp/）
構想のベースは地域通貨だが、地域活性化の取り組みとして自治体がこのような取り組みを行うのはとてもユニークだといえる。ブロックチェーンに大きな期待を寄せている証明だろう。

Column

ICOは詐欺の温床!? 投資家を惑わす罠

Sec.051でICOについて紹介しましたが、ICO黎明期の今、さまざまな問題が浮き彫りになっています。それが、「仮想通貨詐欺」です。

おさらいになりますが、ICOは、まずICOプラットフォームに登録し、ビジネスモデルやプロダクトを紹介するとともに、独自トークンを発行して、一般投資家を対象にトークンの買い手を募る資金調達法です。投資家からの視点でいえば、投資先のビジネスが成長すれば、トークンの売却益を期待することができます。さて、ここで疑問に感じる方も多いことでしょう。投資家はいったい、何を見て投資を決めているのでしょうか？

答えは、「ホワイトペーパー」です。いわばプレゼン資料のようなもので、「ビジネス企画や構想、技術的な説明」が書かれたテキストですが、これを一読しただけの判断で数百万ドル分の投資が行われることもめずらしいことではありません。ここに問題があります。

ホワイトペーパーの内容を証明するものは現在、何もありません。つまり、実際にビジネスを実現できるのかは投資家たちにはわからないのです。それゆえ、さも実現できる、成功できると“匂わす”内容を作成し、資金を集めたあとに逃亡するトークン発行者が増加しています。

アメリカでは、不動産投資トークン「Recoin」とダイアモンド投資トークン「DRC」を発行し、虚実の内容で資金調達を行ったマクシム・ザスラヴィスキ氏が、詐欺と違法な証券発行の容疑で立件される事件が起こりました。

Chapter 5

社会や国家まで!? ブロックチェーンが変える未来

059

ブロックチェーン2.0から ブロックチェーン3.0へ

ブロックチェーンが創出する未来が刻々と近づいている

ブロックチェーン2.0についてはSec.015で解説しましたが、現在、世界のブロックチェーン・プロジェクトが目指すのが**ブロックチェーン3.0**です。いったいどのような目標なのでしょうか。

2.0では、仮想通貨以外の用途の模索、または金融業界へのブロックチェーンの応用がテーマでした。3.0は、そのさらなる模索と応用を目指すもので、「**生活のあらゆる分野にブロックチェーンを活用する**」ことをテーマにしています。そして、ブロックチェーンの「非改ざん性」と「データの信ぴょう性」、イーサリアム・ブロックチェーンの「スマートコントラクト」はそれを実現し得ると考えられています。ITや製造、医療、社会インフラなどの分野にブロックチェーンを活用することで、新しい社会を築いていくのです。

ただ、新しい社会のしくみは、ブロックチェーンのみでは実現することはできません。IoTやAIなどのテクノロジーで次世代の産業革命を起こす**「インダストリー 4.0」に組み込まれる**ことで、はじめてブロックチェーンはその特性を発揮します。

それではここで、IoTの場合を考えてみましょう。IoTは「モノがネットワークでつながり、自律的にサービスを提供するシステム」です。たとえば、IoTのしくみによって、人手を借りず建物の老朽化の検知や保全を自動で行えるようになります。しかし、検知のためのデータが改ざんされてしまうと、とたんにシステムは破綻してしまいます。そこにブロックチェーンを活用することで、システムを恒久的に正しく作動させることができるようになります。

インダストリー 4.0に欠かせないデータの信ぴょう性

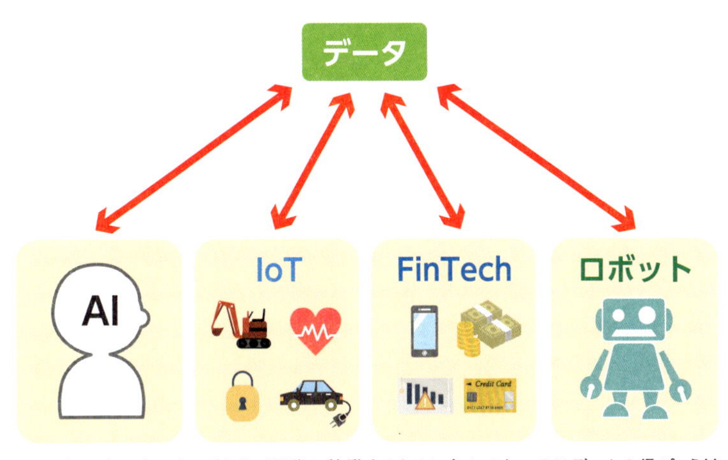

▲IoTもロボットもAIも、それらが正常に稼働するために欠かせないのはデータの信ぴょう性である。もし、データが改ざんされたら…？　先端技術は何の意味も持たなくなるだろう。

データを守り、処理を自動化するブロックチェーン

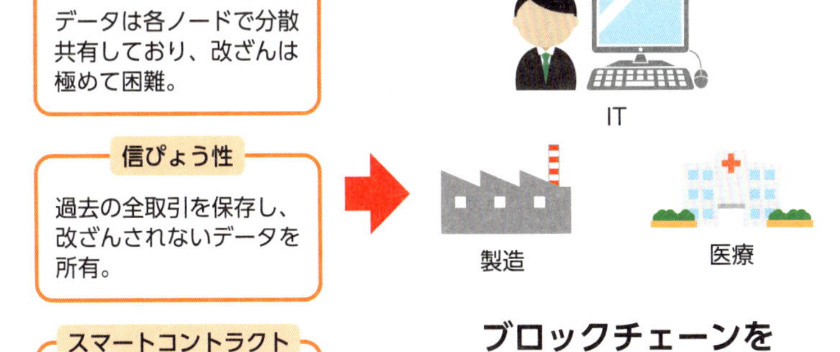

▲データの信ぴょう性が担保されれば、そのデータをもとにする機械の行動は正しいということになる。そして、機械を使うためには、「こうすればこう行動するというアクション」を覚えさせる必要がある。データの絶対性とアクションの自動化を担うのがブロックチェーンだ。

060

ブロックチェーンによって変わる業界は?

ブロックチェーンの活用はどの分野で期待されているのか?

ブロックチェーンが世の中にもたらす影響は計り知れないと考えられていますが、果たしてどのような業界に大きな影響を与えるのでしょうか。

まず1つは、ブロックチェーンの応用検討がいち早くスタートした「**金融業界**」です。通貨という社会資産を管理する銀行では、その管理のために複雑な工程を設け、多くの人材の労力を必要としています。これをブロックチェーンに置き換えることで、安全性を担保しつつ、低コストで大幅な業務の効率化や迅速化できると考えられています。

次に期待されるのが「**保険市場**」です。ブロックチェーンの非改ざん性は信頼の証明になることから、信託管理を基盤にする保険市場に高い親和性を持っています。すでに、ブロックチェーンの実証実験を行っている会社もあり、アメリカの保険会社大手AIGの事例では、ブロックチェーンにより数ヶ月かかっていた業務が数日に短縮できたといいます。

そして、「**サプライチェーン**」への影響も大きく期待されています。ブロックチェーンのデータの信ぴょう性もさることながら、その透明性は商品の製造から販売までをオープンにすることができ、これまで流通の管理にかかっていた時間やコストを圧縮できると考えられています。

さらに、「不動産業界」や「医療界」、「チャリティー」など、ブロックチェーンが期待されている分野は数えきれません。

ブロックチェーンはどの業界に変革をもたらすのか？

金融

安全性を担保しながらの業務の効率化、決済の迅速化。

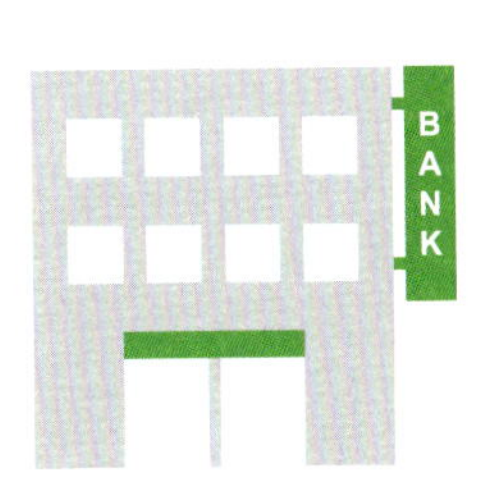

医療

病院や行政、医療関係者間で医療情報の横断的な共有。

サプライチェーン

商品の製造から販売までを透明化し、管理にかかる時間やコストを圧縮。

▲さまざまな業界でブロックチェーンの応用の検討が始められており、実証実験も活発化している。また、すでに実用化されているブロックチェーン応用のサービスもある。

061

ブロックチェーンによる社会インフラの進化

ブロックチェーンが社会基盤を創る!?

社会インフラは人が社会の中で安全・安心、そして快適に生活するために欠かせない環境基盤です。現在、このインフラにブロックチェーンを活用する試みが、世界中で行われています。もしかすると、そう遠くない未来に、ブロックチェーンは仮想通貨ではなく、インフラの基幹技術として広く認知される日がやってくるのかもしれません。

たとえば、Sec.047で紹介したイノジーの取り組みなどは、社会インフラへのブロックチェーン活用に向けての実証実験ともいえます。電力の消費者とプロシューマーを直接つなぐプラットフォームの未来を考えれば、「一般消費者が自由に電力を作り自由に売る」ことが当たり前になる可能性は大いにあります。つまり、これまでの電力事業者のメガソーラーや大規模な風力発電機といったものではなく、数々の住宅の屋根に取り付けられたソーラーパネルや風車が再生可能エネルギーのインフラになるのです。

また、電子政府を目指すエストニアの事例もたいへん興味深いものです。政府とBitnation社が協力したブロックチェーン・プロジェクトですが、国籍を持たない難民を対象に出産や婚姻などを証明する公証サービスを提供しています。

分散ネットワークにより、**中央集権よりも効率よく物事を管理**できるしくみと、**ブロックチェーンに記憶された情報がそのまま証明**になる非改ざん性、この2つの特徴から生まれる**「管理と証明」はまさに次世代のインフラの基盤にふさわしいもの**だといえます。

国やインフラ企業もブロックチェーンに熱い視線

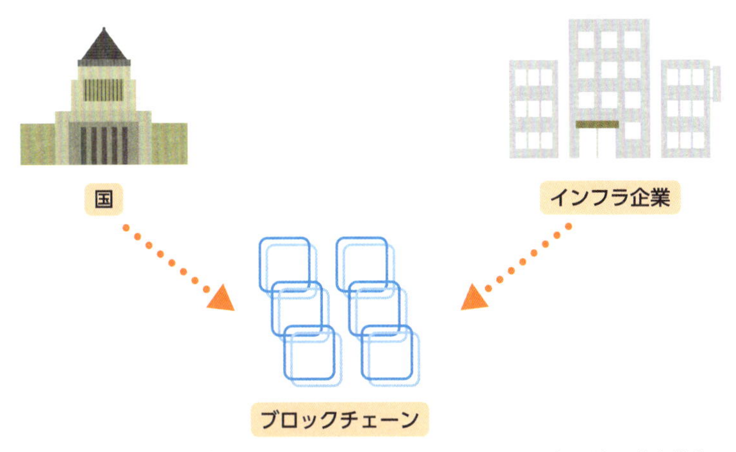

▲分散管理を実現するブロックチェーンが国、インフラに活用されれば、既存の社会構造は大きな変化を余儀なくされる。効率化、安心・安全の環境が期待されているが、果たして私たちが迎える未来はどのようなものだろうか？

エストニア政府がブロックチェーンでサービスを提供

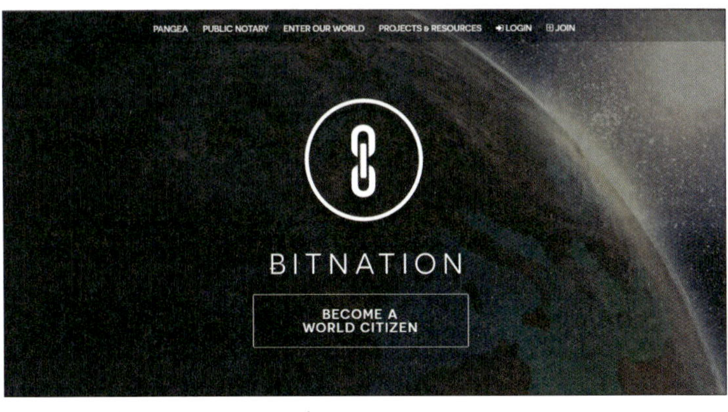

▲Bitnation（https://bitnation.co/）
Bitnation社は電子政府を目指す北欧の国、エストニアと連携して、ブロックチェーンを利用した難民向け公証サービスの提供を行っている。ブロックチェーンがあらゆる分野に可能性を秘めていることを考えれば、今後もさまざまな公共サービスが提供されていくかもしれない。

062

選挙での不正投票が不可能に!?

これまでの選挙に変革を起こす「Boule」とは?

あらゆる分野にインターネットが浸透している世の中で、未だにオフラインで行われているのが選挙投票です。お金の振込や支払いもスマートフォンできる時代に、投票場に行き名前を書いて投票箱に入れる…。時代遅れの感は否めません。

そんな選挙投票のあり方を変えると期待されているのが「**Boule**」です。イーサリアム・ブロックチェーンのスマートコントラクトを活用し、スマートフォンなどから投票を行うことができます。投票者はわざわざ時間を割いて投票場に向かう必要がなくなり、管理もブロックチェーン上で行われるので、**投票の高速化と管理コストの削減を実現**でき、極めてスマートなシステムだといえます。

また、Bouleには投票者以外のメリットもあり、それが選挙投票を変えると期待されている所以でもあります。従来の選挙では、「投票前」、「開票前」、「開票」のタイミングで不正を働くことが可能です。たとえば、投票前では「水増しなどの期日前投票の改ざん」、開票前では「投票箱のすり替え」、開票では「選挙管理システムの不正使用」など、監視すべきポイントがあります。しかし、Bouleは完全にオンライン上で投票を行うことができ、かつ**票は改ざんされないしくみを持つブロックチェーン上に保存**されるので、不正が入り込む余地を与えません。

もし、Bouleのようなブロックチェーン投票システムが一般的になれば、真の民主主義による正しい選挙が実現する日がやってくるかもしれません。

正しいはずの…選挙が本当に正しくなる!?

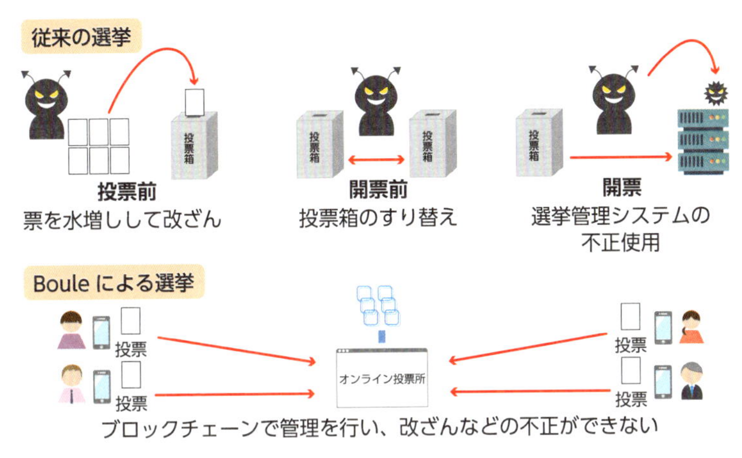

時系列で記録し、改ざんできない性質により、その過程が証明になる。それがブロックチェーンの特徴だが、その有用性は選挙にも発揮される。不透明な事柄をなくすことで、真の民主主義的選挙は実現するか?

Bouleで投票する流れ

▲Bouleを利用すると、スマートフォン1つで投票が完了する。システムはイーサリアム・ブロックチェーンを利用し、スマートコントラクトのシステムを採用している。

063

ブロックチェーンで音楽ビジネスが変わる!

「ブロックチェーン×音楽」は業界の壁を突破できるのか?

記録したデータの信ぴょう性を恒久的に担保するブロックチェーンは、音楽業界でも注目されています。それが、昨今ニュースでも度々取り上げられている「著作権管理問題」についてです。

音楽の著作権は非常に複雑な構造をしています。1曲の曲にしても歌手、作詞家や作曲家、レコード会社、放送局など、さまざまな関係者がいて、その著作管理には労力が必要です。それゆえ、管理を専門に行う非営利機関が必要であり、著作権管理団体JASRACが、国内で流通する音楽のほとんどの管理を担っています。

しかし、この状態はいい換えれば寡占であり、透明性を疑問視する声も出ています。著作権についてのあり方を指摘し話題になった著名アーティストのSNSなどの存在を考えれば、今まさに業界構造を見直す潮目なのかもしれません。

そして、**「管理」と「透明性」**に有効なのがブロックチェーンです。今や音楽の多くがデータ化されていることから、**導入の障壁は少なく、かつ著作権問題にも大きな改善を促せる**と考えられています。

また、もう1つ注目を集めているのが、「不正ダウンロード問題」です。音楽のデータ化による弊害ともいわれますが、不正ダウンロードは音楽業界もとより、アーティストを疲弊させる深刻な問題です。そこに、**利用（購入）履歴を明確にできるブロックチェーンを活用**すれば、不正を行えないしくみを構築することができます。加えて、音楽を作るアーティストに正当な対価を支払う環境を実現できる可能性も大いにあります。

中央集権管理で著作権は守られるべきか?

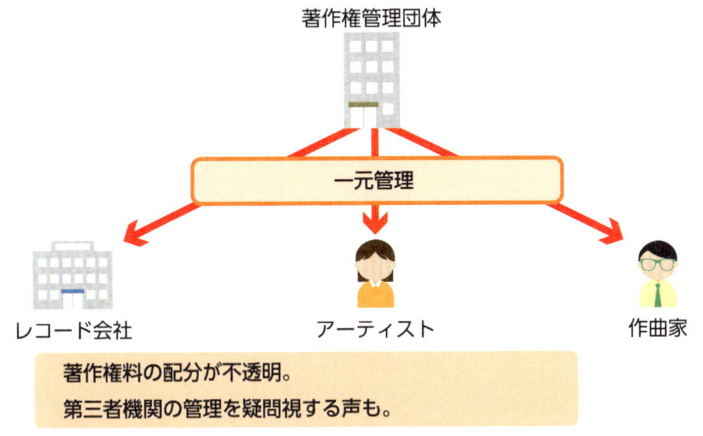

▲国内に流通する音楽の著作権は著作権団体に寡占的に管理されている。著作権管理の複雑さゆえのことだが、その管理に透明性があるとはいい切れない。

ブロックチェーンを利用するメリット

▲ブロックチェーン上に音楽データが保存されることが著作権の証明になり、誰が著作者なのか管理できる。また、購入者管理に用いれば、不正ダウンロードの抑止にもつながると期待されている。

064

ブロックチェーンがマイナンバーを魅力的な公共サービスに変える!

ブロックチェーンで、わずらわしいカードの管理が1枚になる?

マイナンバー制度に、今のところメリットを感じている人は少ないと思います。申請カードの取得のみに止まっている方も多いことでしょう。しかし、ブロックチェーンが、マイナンバーカードの普及を大きく前進させる可能性があります。

総務省は、2017年9月21日に「マイキープラットフォーム」の運用をスタートさせると発表しました。**マイキープラットフォーム**とは、かんたんに説明すると「**公共サービスの利用をマイナンバーカード1枚で可能**」にするものです。たとえば、図書館や体育館、また駐車場など、それぞれに利用カードがありますが、当然のことながら図書館のカードで体育館を利用することはできません。これを可能にするのがマイキープラットフォームの特徴です。住民はマイキープラットフォーム上でマイキーIDを取得します。そして、マイキーIDと各種利用カードの紐付けを行うことで、マイナンバーカード1枚で各サービスを利用することができるようになります。

また、マイキープラットフォームには、航空会社のマイルやクレジットカード、商店街などのお店のポイントなどを「自治体ポイント」としてまとめられるしくみがあるのもユニークな点です。別々に貯めていたポイントを合算して、美術館の入館料やバス利用、物産購入などにあてられるとしています。

現在は実証実験の最中ですが、ブロックチェーンは、**利用履歴やポイントなどの分散管理**に使われるとのことです。

マイキープラットフォームとは

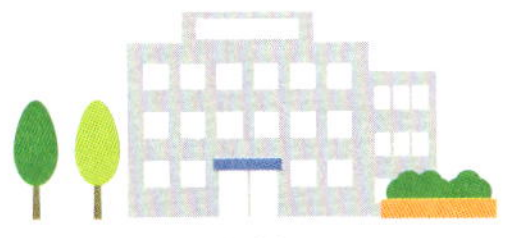

公共施設の利用カードをまとめることができる。

マイルやお店のポイントを「自治体ポイント」に一元化。

▲マイキープラットフォームとは、マイナンバーカードにあるマイキー（電子証明書やICチップの空き領域）の部分を利用し、図書館や体育館など公共施設の利用者カードをまとめ、また航空会社のマイルや商店街のお店のポイントを「自治体ポイント」としてまとめるプラットフォームのこと。

ブロックチェーンはどう使われる?

●利用履歴の管理

●ポイントの管理

▲ブロックチェーンは、利用履歴データや自治体ポイントの保有数データなどの情報を管理する。全国の複数のサーバでデータを分散して共有する予定だ。

065

医療分野に広がるブロックチェーン技術

ドクターの労力を軽減させ、患者には安心を提供へ

登場時は大きな注目を集めたものの、現在で約50%といまいち普及が進んでいないのが**電子カルテ**です。患者の診療情報を電子データ化するシステムであり、診療の効率化を期待できるメリットがあります。その一方で、導入コストは高く、かつ異なる電子カルテ間では互換性に乏しいため、患者の受診履歴を統合できないなど、さまざまな問題が普及を鈍らせていました。しかし、ブロックチェーンを活用した電子カルテシステムの登場により、大きく普及が前進する可能性があります。

従来の電子カルテ情報や薬局の処方箋データなどをブロックチェーン上に保存するいちばんのメリットは「**情報の統合と共有**」です。これまで、患者の情報は分散していました。どういうことかといえば、A病院での受診内容はB病院に自動で引き継がれることはなく、患者から得る情報のみが手がかりでした。診療はその情報だけを頼りに行われており、効率的とはいえない環境でした。

ブロックチェーン・電子カルテを利用すれば、**分散していた情報を一元化し時系列に保存**することが可能です。さらに**病院間での情報共有**も行うことができます。また一方で、患者の権限により情報の開示調整ができるので、プライバシーも安全に守られています。そして、この新しい電子カルテの普及はさらなるメリットをもたらすと考えられています。診療や処方箋など、あらゆる情報をデータ化することで、AIを活用した医療の提供が可能になるのです。

普及伸び悩む電子カルテ

電子カルテ普及率（平成28年度）

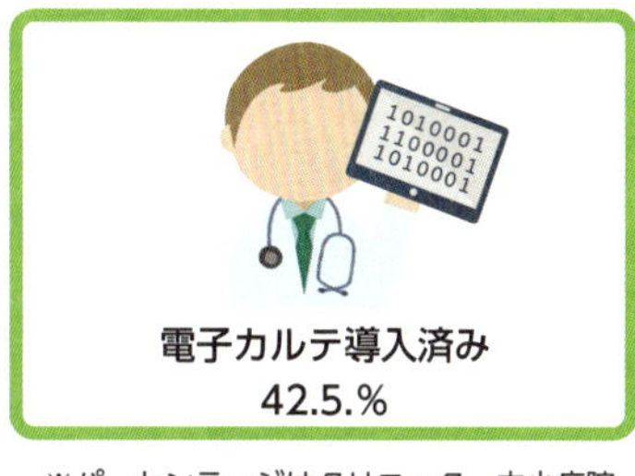

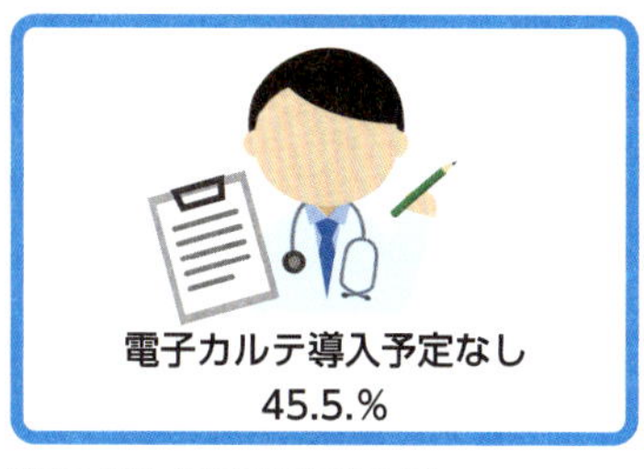

※パーセンテージはクリニック、中小病院、大学院の総数（導入率は予定含む）
※九州医事研究会ブログより（ https://kanrisi.wordpress.com/2013/02/06/ehr-mu/ ）

▲医療情報をデータ化する電子カルテ。IT型社会を目指す「e-japan構想」の肝煎りの1つとして、厚労省が普及を進めてきたが、その普及率は高くない。一方向の情報閲覧と導入コストの高さがネックといわれている。

ブロックチェーンを活用した電子カルテの利点

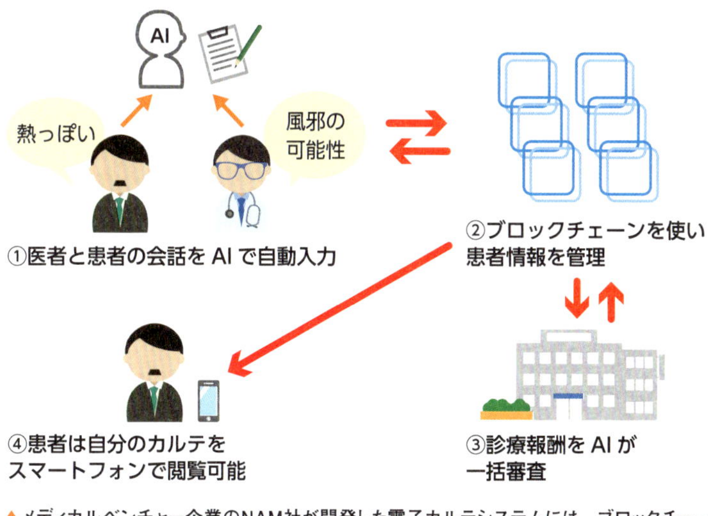

▲メディカルベンチャー企業のNAM社が開発した電子カルテシステムには、ブロックチェーンが使われている。これにより情報の信ぴょう性、セキュリティを担保したまま、オープンな環境で医療情報を病院が共有できる。

066

ブロックチェーンで遊休資産を再活用

ブロックチェーンで加速するシェアリングエコノミー

シェアリングエコノミーの浸透により、「**遊休資産**」という言葉をよく耳にするようになりました。遊休資産とは、所有していながら利用していないモノ・コトのことで、たとえば、空き部屋や乗らない車、有効に使われていない人の時間や能力などを指します。

シェアリングエコノミーの利用者のメリットは、新たにサービスを購入するよりも安い料金で利用でき、かつ利用が終われば返却するので、所有し続ける煩わしさもないことです。そして、提供者のメリットは、事業者にならなくてもサービスを提供でき、無理のない労力で収入を望めることです。現在、国内外にさまざまな遊休資産をテーマにしたシェアリングエコノミー・プラットフォームがあり、それぞれ人気を博しています。

ブロックチェーンは、このブームを加速させると考えられています。プラットフォーム上でのCtoCビジネスでは、利用者・提供者はともに一般人であり、サービス環境の信頼性や安全性を担保するのが、プラットフォーム運営会社の課題でした。そこにブロックチェーンは変革をもたらすのです。たとえば、悪意を持つサービス提供者がいた場合、その情報は履歴となってブロックチェーン上に記録されます。また、サービスのクオリティも事細かに記録できることから、プラットフォームは、**コスト・労力をかけず、よい環境を安全に継続して提供**することができます。そして、そう遠くない未来には、既存のプラットフォーム上ではなく、**利用者・提供者が直接取引するシェアリングエコノミー**が登場する可能性もあります。

仲介プラットフォームが要らなくなる?

従来のシェアリングエコノミーサービス

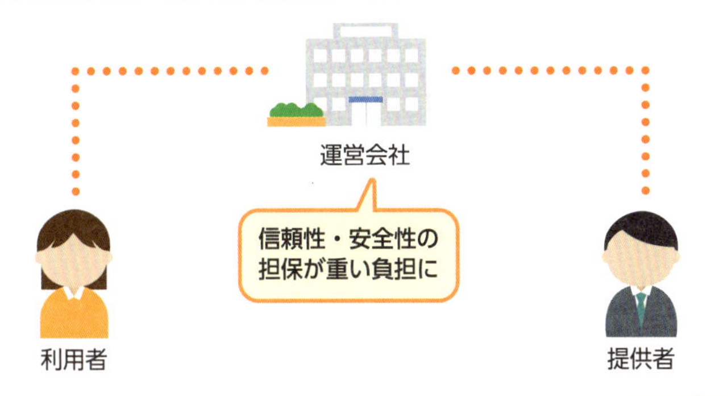

利用者と提供者はシェアリングエコノミーサービスを運営している会社のプラットフォーム上でやり取りを行う。

ブロックチェーンを使うシェアリングエコノミーサービス

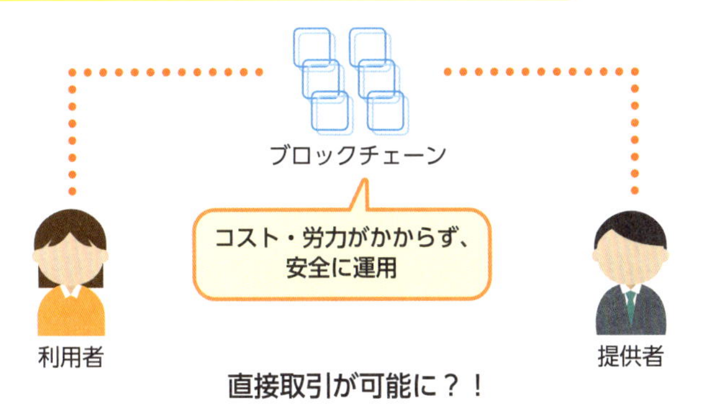

ブロックチェーン上で管理することで、利用者と提供者のみでやり取りを行うシェアリングエコノミーサービスが登場するかもしれない。

▲シェアリングエコノミー・プラットフォームは利用者と提供者をマッチングするだけでなく、安全な取引環境を整える役目がある。しかし、ブロックチェーンがその代替となり得る可能性があり、実現すれば、利用者と提供者の直接取引も実現するかもしれない。

067

物流ブロックチェーン同盟「BiTA」が目指す物流システム

ブロックチェーン導入でクリーン化、効率化、低コスト化を目指す

産業にブロックチェーンを応用する最大のメリットは「非改ざん性」と「データの時系列保存および削除の不可」にあります。では、具体的にどうメリットにつながるか、といえば、非改ざん性は「ハッカーから管理システムを守れる」ということです。そして、時系列保存および削除不可は「現在までのデータの追跡・確認が容易」であることです。そして、この2つのメリットが大きく求められている業界が物流です。

物流業界をかんたんに説明すると「荷主」「荷物ブローカー」「運送業者」で構成されています。このように説明上は単純ですが、実際は非常に複雑な構造であり、各ステークホルダーたちが物流のすべての流れを把握することはできません。それゆえ既存のサプライチェーンは、**効率的、透明性、セキュリティに懸念**を抱いたまま運用が行われていました。ブロックチェーンはここにメスを入れます。

アメリカの「**BiTA**」は、ブロックチェーン技術のデファクトスタンダードの開発とともに、貨物業界向けの啓蒙を行うフォーラムであり、既存サプライチェーンへのブロックチェーンの導入を推進しています。荷物ブローカーの暗躍により、これまで利ざやが乗せられ運送コスト高になっていたり、物流過程で盗難が頻発していたりしていたサプライチェーンを**クリーン化するとともに、効率化・低コスト化を図るのが目的**です。近い将来、貨物・物流合わせ1.5兆ドルともいわれるコストは劇的に圧縮され、正しい業界構造が築かれる日がブロックチェーンでやってくるかもしれません。

複雑すぎる!? 貨物・物流に関わる業者

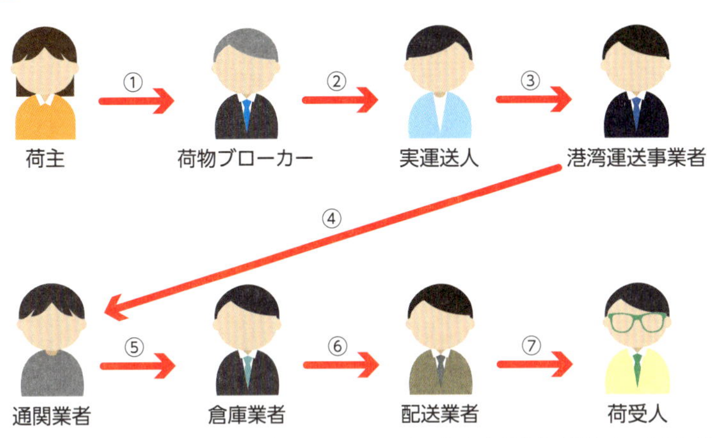

▲1つの荷物が消費者のもとに届くようになるまで、さまざまな流通業者が関わる。その複雑さゆえ、サプライチェーンはこれまで効率化やクリーンさが欠如していた。データの一元化・共有、迅速な伝達はブロックチェーンの得意分野だ。

ロジスティックス世界王手・UPSがBiTAに参加

▲UPS（https://www.ups.com/）
世界最大の小口貨物配送会社であるアメリカのUPSは、2017年、BiTAへの参加表明をした。これにより、貨物・物流業界へブロックチェーンが本格的に普及することが期待されている。

068

MITが開発する分散型暗号コンピューティング「Enigma」

ブロックチェーンから発想を得たクラウドコンピューティング

マサチューセッツ工科大学は世界に名を轟かせる研究者を多数輩出する大学であり、コンピュータサイエンス界においても素晴らしい功績を残しています。MITの略称で呼ばれるこの学び舎では、ブロックチェーン研究も率先して行われており、近年、業界に大きなインパクトを与えた構想が発表されました。

「**Enigma**（エニグマ）」は、ブロックチェーンから着想を得たクラウドコンピューティングです。その最大の特徴は「暗号化」にあります。Enigmaに用いられる「制限付き完全準同型暗号」は、コンピュータ内でデータを扱うとき、「暗号化したまま」処理を行えるというもので、**「データの入力者、受信者以外は、内容の真相を知り得ない」環境を実現**することができます。つまり、**ネットワーク・プライバシーが完全に担保**されるということであり、これが実現すれば、インターネットアクセスやSNSでたびたび問題になるプライバシーの問題をすべて解決できると考えられています。現在はまだ研究・開発が行われている最中ですが、プロジェクトを主導するMITメディアラボのガイ・ジースキンド氏とブロックチェーン研究の一人者・オズ・ネイサン氏によれば、実現可能としています。

ネットワーク・プライバシーが完全に守られたインターネットの世界は果たして実現するか？　また、実現したときどのような環境がもたらされるか？　は想像するしかありませんが、私たちの生活に欠かせない社会インフラのような構造がインターネットに敷かれることは間違いないでしょう。

Enigmaとは?

MIT（マサチューセッツ工科大学）の
メンバーが研究・開発している

徹底して「分散化」するしくみ

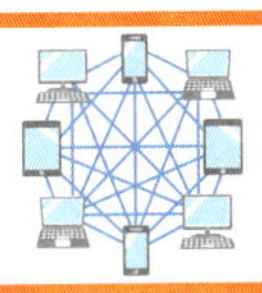

暗号化したまま処理を行う
「高プライバシー性」

▲データの分散化や暗号化によるデータ処理などの特徴から、秘密性の高い契約や資金調達、投資などへの応用が期待されている。

Enigmaは40年前の概念を具現化した技術?!

▲Enigma（https://www.enigma.co/）
「完全準同型暗号」は1978年に提唱された概念だが、現在に至るまで実現を見なかった。Enigmaでは、それが実現可能であるとしている。もし、そうであれば、コンピュータサイエンスの歴史にパラダイムシフトを起こすともいわれる。

069

管理者のいない「自律分散型組織」とは?

ブロックチェーンは平等な世界をも作り出す

ブロックチェーンとスマートコントラクトがあれば、「リーダー不在の組織」を作ることは可能なのか？　その議論は今も続いています。それについては、未来に委ねるしかありませんが、ブロックチェーンの登場、進化、発展にともない、**非中央集権的組織への期待**は高まっています。このような組織の概念を「**DAO（ダオ）**」といい、日本語では「自律分散型組織」と訳されています。

DAOを理解するためには、従来の組織構造との対比で考えてみるとイメージしやすいでしょう。従来の組織は、「ルールを定める人（リーダー）」と「ルールに従う人」がいて初めて成り立ちます。しかし、DAOにはリーダーがいません。では、なぜ成り立つのかというと、「**プロコトルがルールを定め、P2Pネットワークが自動で意思決定を行う**」からです。つまり、人間が運用を行わなくてもDAOは維持され、人はルールに従うのみとなります。

組織というと少し漠然としていますが、DAOを会社作りに適用させた「**DAC（ダック）**」という概念もあります。DACでは、経営そのものがしくみ化されるので、人が経営活動を行う必要がなく、思い思いの仕事、つまり働く喜びを感じられる人間らしい労働を行えると考えられています。

DAOやDACは、ブロックチェーンを「絶対者」または「法」とした、人にとっての公平な環境の創出です。そこには、「不正を行うリーダー」も「搾取する経営者」も存在していません。真に平等な世界の実現、その可能性を持つ技術がブロックチェーンなのです。

従来の組織とDAOの違い

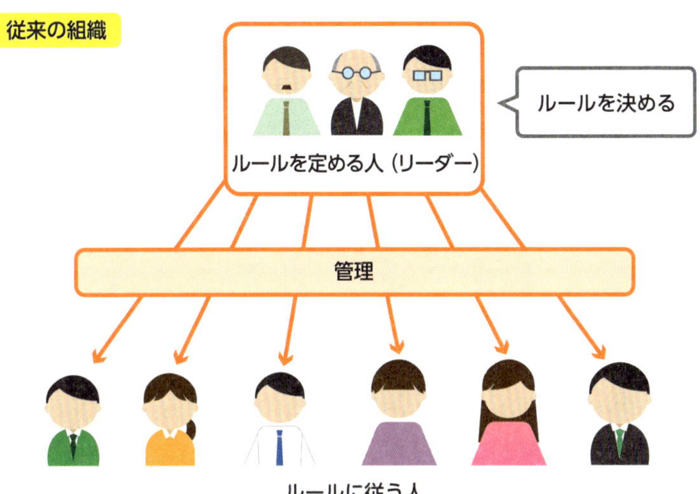

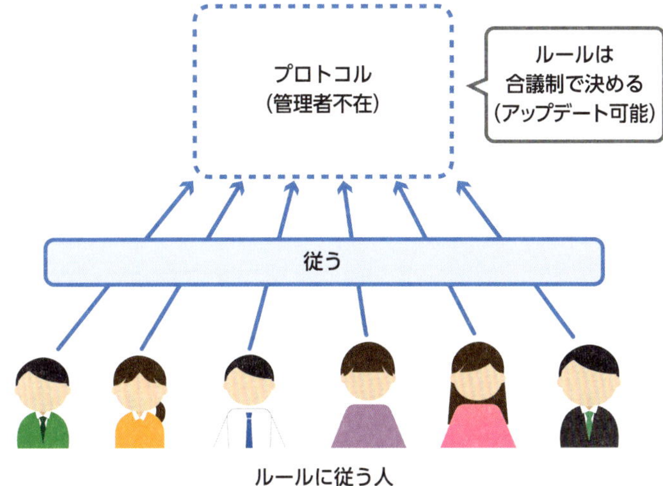

▲DAOとは、中央の管理者を置かずに分散され、自律的に運営される組織のこと。世界初のDAOがビットコイン。

070

ブロックチェーンが描く未来の国家とは？

国家にさえも変革を及ぼす、ブロックチェーンの可能性

黒海沿岸の国**ジョージア**が、国政にブロックチェーンを導入すると発表して話題になりました。アメリカのスタートアップ「Bitfury Grop」とともに、「土地登記」にまつわるプロジェクトを推進しています。ジョージアでは、土地の売買にまつわる手続きは非常に複雑で、処理までに1日もの時間がかかり、その処理のスピードに応じて50～200ドルの手数料が発生していました。プロジェクトは「処理の高速化と手数料を軽減」、「手続きの安全性と透明性の確立」を目標にしています。手数料についてはブロックチェーンの活用により、5～10セントに圧縮できるとしています。また、政府は、土地登記にまつわる汚職問題の抑制も見据えているといいます。

北欧の国**エストニア**でも、革新的なプロジェクトが進められています。エストニアは「e-レジデンシー」と呼ばれる電子居住権を提唱してており、2015年からはブロックチェーン上で運用されています。e-レジデンシーとは、オンライン上で外国人居住者に国民に準ずる行政サービスを提供するもので、登録を行うと外国人でもエストニアで起業できるようになります。政府発行のIDがブロックチェーンと結びついているのが強みで、ここから新たなサービスが生まれる可能性を秘めています。

世界の国々がこのようにプロジェクトを立ち上げているところを見ると、ブロックチェーンが社会インフラの基盤になることは間違いないといえるでしょう。また、近い将来、国家さえもブロックチェーンで管理される時代がやってくるかもしれません。

ジョージア、エストニアでの事例

ジョージア

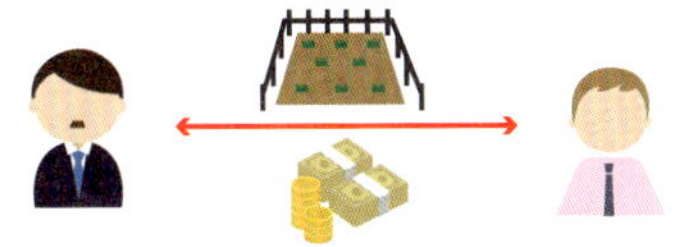

ブロックチェーンの活用で土地取引の手続きの高速化、
手数料の低コスト化、透明化を実現。

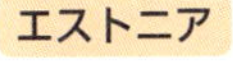

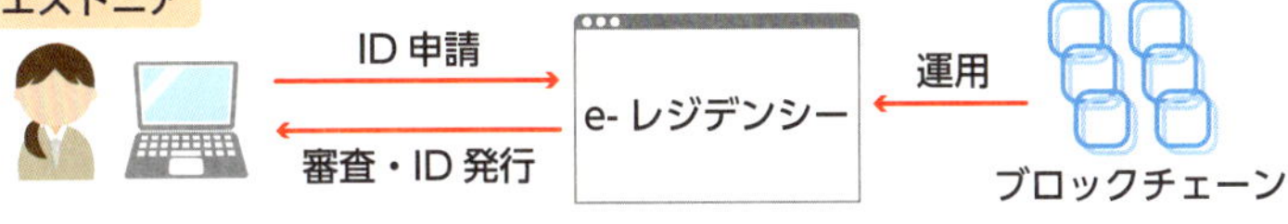

e- レジデンシーに登録すると、国外からエストニアに会社を作ったり、
銀行口座を開設したりできる。

▲ジョージアでは今後、スマートフォンだけで土地の登記ができるようにする計画だ。また、エストニアのe-レジデンシーでは、エストニア人ではない国外在住者に向けた電子居住者のID発行を行っているほか、今後はブロックチェーンを活用したエストコインの発行も計画している。

そのほかのブロックチェーンを導入する国家

ドバイ
2020年までに政府公文書をブロックチェーンに移行し、管理。また、政府が管理するブロックチェーンで運用する仮想通貨「emCash」を発行する予定。

マルタ
2017年9月、国民の生涯学習履歴をブロックチェーンで管理するしくみを導入すると発表。資格の偽造防止や情報の裏付け作業の手間を省くメリットを期待。

フランス
2017年12月、ブルーノ・ルメール財務相が非上場証券の取引にブロックチェーンの使用を許可。仲買人不要かつ、高速での取引が可能に。

▲ジョージアやエストニア以外にも、世界中でブロックチェーン技術を導入したサービスが検討、導入されている。分散管理とデータの信ぴょう性といった特性を踏まえれば、ブロックチェーンを駆使することで特定の場所によらない国家を作ることができるかもしれない。

ブロックチェーン関連企業リスト

ブロックチェーン研究開発 **株式会社bitFlyer** URL https://bitflyer.jp/	国内最大手の仮想通貨取引所を運営するが、ブロックチェーンの研究開発も行い、新規サービスの創出にも取り組んでいる。独自に開発したプライベートチェーン「miyabi」は独自の合意形成のしくみを持つ。
ブロックチェーン研究開発 **ソラミツ株式会社** URL http://www.soramitsu.co.jp/	Hyperledger Projectに「いろは（Iroha）」というブロックチェーンを提供している、ブロックチェーンのスタートアップ企業。カンボジア国立銀行とブロックチェーンを利用した新決済システムの開発を進める。
ブロックチェーン研究開発 **シビラ 株式会社** URL https://sivira.co/index-ja.html	「Broof」というブロックチェーンを独自に開発している会社。資本業務提携をしている株式会社スマートバリューと共同で、石川県加賀市を「ブロックチェーン都市」とするプロジェクトを展開している。
ブロックチェーン研究開発 **株式会社Orb** URL https://imagine-orb.com/	独自の分散型台帳技術「Orb DLT」を開発。企業や地方自治体が独自通貨を発行できるしくみ（Coin Core）を提供し、経済インフラを構築するサービスも行う。2018年4月に東京お台場の「UC台場コイン（仮称）」実証実験に参加。
ブロックチェーン研究開発 **日本アイ・ビー・エム株式会社** URL https://www.ibm.com/jp-ja/	セキュリティ強度の高いブロックチェーンのクラウドサービス「IBM Blockchain on Bluemix High Security Business Network（HSBN）」を提供している。
ブロックチェーン研究開発 **コンセンサス・ベイス株式会社** URL http://www.consensus-base.com/	ブロックチェーンを専門に開発、コンサルティングなどの事業を展開。2018年にはブロックチェーン上にトレーディングカードなどの知財を登録・発行し、流通できるようにするデジタルアセット流通プラットフォームをリリース。
ブロックチェーン研究開発 **株式会社Nayuta** URL http://nayuta.co/	IoM（Internet of Money）を応用したプロダクト開発を行う福岡発のベンチャー企業。ブロックチェーン技術を応用し、使用権をコントロールできる電源ソケットの開発を行っていることで知られている。
ブロックチェーン研究開発 **GMOインターネット株式会社** URL https://www.gmo.jp/	イーサリアムのブロックチェーンのベースにした「Z.com Cloud ブロックチェーン」や「ConoHa ブロックチェーン」を提供。地域通貨や電子クーポン、チケットの偽造転売防止などのサービス用途を見込んでいる。
ブロックチェーン研究開発 **日本マイクロソフト株式会社** URL https://www.microsoft.com/ja-jp	凸版印刷、スカイアーチネットワークスと共同して自治体向けサービスの提供に向けた共同検証プロジェクトを発足。防災の備蓄品管理、地域ポイントなどの自治体サービス分野でのブロックチェーン活用を目指す。
ブロックチェーン研究開発 **ティーエスエイチ デベロップメント株式会社** URL https://www.tsh-d.co.jp/	ブロックチェーンシステムやウォレットアプリの開発、ブロックチェーン導入のコンサルティング事業を行う。スマートコントラクトのシステム開発・研究のほか、「Blockchain Times」のサイト運営も。

ブロックチェーン研究開発 **イズム株式会社** URL http://i2m.jp/	ブロックチェーン技術を応用したインターネットサービスの開発事業などを行う。2016年にAI（人工知能）を中心とする最先端技術の研究開発を行うエイションズ株式会社と事業提携し、新サービスの開発、提供を計画している。
ブロックチェーン研究開発 **株式会社スマートアプリ** URL http://smartapp.co.jp/	スマートフォン向けのサービス・アプリの企画開発などを行う2015年設立のスタートアップ企業。ブロックチェーン向けインターネットサービス事業やブロックチェーン事業の新規立ち上げおよびコンサルティング業務も行う。
ブロックチェーン研究開発 **株式会社ライトサンズグループ** URL https://lightsuns-group.com/	アプリやブロックチェーン開発のほか、ICOコンサルティング、介護施設の運営など幅広い事業を展開。自社で開発したソーシャルアプリ「Matebee」では、プライベートチェーン上で独自トークンを発行している。
ブロックチェーン研究開発 **株式会社ケーエムケーワールド** URL https://www.kmkworld.com/	ブロックチェーンをはじめ、AI、RPAなど先進技術のシステムデザイン、研究、導入事業などを行う。グループ会社が運営する医療・美容クーポンサイトのポイント管理に、ブロックチェーンを仮想通貨に近いモデルで導入している。
ブロックチェーン研究開発 **株式会社INDETAIL** URL https://www.indetail.co.jp/	札幌に本社を持つブロックチェーン開発企業。ビットコインコアやスマートコントラクトを利用した著作権管理システムを開発。北海道内のIT企業と積極的に業務提携を行い、ブロックチェーンの実用化を進める。
ブロックチェーン研究開発 **アバノア・テクノロジー 合同会社** URL https://www.avanoa-tech.com/	ブロックチェーン技術を中心としたソリューションやサービス提供などの事業を展開。ブロックチェーンと連携したアプリケーションの開発やブロックチェーン技術活用プロジェクトの支援など、事業範囲は多岐に渡る。
ブロックチェーン研究開発 **カレンシーポート株式会社** URL http://www.ccyport.com/	ブロックチェーン活用プラットフォーム「Deals4」の提供を行う企業。ブロックチェーン技術でBtoB向け口座管理や支払い、エスクローなどを提供。金融業界とさまざまなブロックチェーンの実証実験を積極的に展開している。
ブロックチェーン活用 **株式会社Gaiax** URL http://www.gaiax.co.jp/	シェアリングエコノミーなどの事業を展開。シェアリングエコノミーとブロックチェーンの相性に着目し、ブロックチェーンの自社サービスへの応用に取り組む。また、ブロックチェーンのメディアサイト「Blockchain Biz」を運営。
ブロックチェーン活用 **株式会社VOYAGE GROUP** URL https://voyagegroup.com/	社内に「FinTech Lab」を設立し、ブロックチェーンなどFinTech領域の研究・開発を行う。カウンティア株式会社と設立した合弁では、ブロックチェーンを活かした仮想通貨ウォレットサービスなどの事業展開を目指す。
ブロックチェーン活用 **スマートコントラクトジャパン株式会社** URL https://smartcontract.jp/	イーサリアム・ブロックチェーンが社会でプラットフォームとなることを目指す事業を展開。アメリカのConsenSys社などとの提携や、国際団体「EEA」（イーサリアム企業連合）に加盟し、公式日本事務局を担う。

Index

数字・アルファベット

あ 行

か 行

さ 行

た 行

な・は 行

ま 行

や・ら 行

■ 問い合わせについて

本書の内容に関するご質問は、下記の宛先までFAXまたは書面にてお送りください。なお電話によるご質問、および本書に記載されている内容以外の事柄に関するご質問にはお答えできかねます。あらかじめご了承ください。

〒162-0846
東京都新宿区市谷左内町21-13
株式会社技術評論社　書籍編集部
「60分でわかる！　ブロックチェーン最前線」質問係
FAX：03-3513-6167

※ご質問の際に記載いただいた個人情報は、ご質問の返答以外の目的には使用いたしません。
また、ご質問の返答後は速やかに破棄させていただきます。

60分でわかる！　ブロックチェーン最前線

2018年6月8日　初版　第1刷発行

著者 …………… ブロックチェーンビジネス研究会
監修 …………… 株式会社ガイアックス 技術開発部 峯 荒夢
一般社団法人 日本ブロックチェーン協会 事務局長 樋田 桂一
発行者 …………… 片岡　巖
発行所 …………… 株式会社　技術評論社
東京都新宿区市谷左内町21-13
電話 …………… 03-3513-6150　販売促進部
03-3513-6160　書籍編集部
編集 …………… リンクアップ
担当 …………… 青木　宏治
装丁 …………… 菊池　祐（株式会社ライラック）
本文デザイン・DTP …………… リンクアップ
製本／印刷 …………… 大日本印刷株式会社

定価はカバーに表示してあります。

造本には細心の注意を払っておりますが、万一、乱丁（ページの乱れ）や落丁（ページの抜け）がございましたら、小社販売促進部までお送りください。送料小社負担にてお取り替えいたします。

ISBN978-4-7741-9761-6 C3055

Printed in Japan